L'ÉDITO

DE

RRE CHARLEMAGNE

DIRECTEUR GÉNÉRAL ECODDS

EK

NUMÉRO 9

DIRECTEUR DE LA PUBLICATION :
Pierre Charlemagne.

SUPERVISION ÉDITORIALE :
Stéphanie Laurent

ONT COLLABORÉ :
Sophy Caulier,
Catherine Levesque-Lecointre,
Fabrice Lundy,
Frédéric Magnan,
Dominique Pialot,
Étienne Thierry-Aymé

PHOTOGRAPHIES :
Martin Bruno,
Lionel Guericolas

ILLUSTRATIONS :
Pablo Pasadas,
Elene Usdin

CONCEPTION GRAPHIQUE :
Jean-François Labou-

SECRÉTARIAT DE RÉDACTION :
Carole Rampal

ECO KEYS est éditée par EcoDDS
117 avenue Victor Hugo
92100 Boulogne-Billancourt.

CONTACT :
stephanie.laurent@mascaret.eu

DIFFUSION :
Éditions Télémaque

PHOTOGRAVURE :
IGS - 16340 L'Isle d'Espagnac

IMPRIMEUR :
Dupliprint
53101 Mayenne

DÉPÔT LEGAL :
octobre 2025

Origine du papier : AUTRICHE
Taux de fibre recyclées : 0%
Certification : PEFC

Impact sur l'eau
COD : 13,31 kg/tonne
AOX : 0.01 kg/tonne
Ntot : 0.1 kg/tonne
Ptot : 0.02 kg/tonne

PEFC
10-31-1316
Certifié PEFC
Ce produit est issu de forêts gérées durablement et de sources contrôlées
www.pefc-france.org

Pour vivre un poumon a besoin d'inspirer de l'air extérieur, de se remplir, de trouver de l'oxygène. S'inspirer c'est aller chercher dehors de quoi alimenter son âme. Nulle création, nulle idée ne vient sans avoir pris le soin de se remplir au préalable de l'observation du monde. Un écrivain qui ne lit pas, un musicien qui n'écoute pas, un entrepreneur qui ne comprend pas, un politique qui ne rencontre pas, un scientifique qui ne cherche pas : ça n'existe pas. Plus encore, l'inspiration se nourrit d'une curiosité pluridisciplinaire. Les meilleures idées naissent rarement sur une route droite, elles apparaissent dans les croisements. Pour notre dossier, nous sommes allés à la rencontre des processus de l'inspiration et de personnalités que ce voyage exploratoire conduit vers de nouveaux rivages. Ceux qui perçoivent avant les autres une possibilité, une avancée, une rupture, ou tout simplement l'air du temps.

L'air du temps justement est en train d'évoluer sur un sujet majeur : le changement climatique. Ces vingt-cinq dernières années, il a beaucoup été question de le ralentir en agissant sur les émissions de gaz à effet de serre. Les résultats sont lents et les besoins de financement colossaux. Mais surtout, on sait à présent que cela ne suffira pas. L'eau va manquer en saison sèche, les inondations se multiplier, les côtes seront grignotées, les tempêtes et canicules seront plus violentes. La tendance est inéluctable pour ce siècle. On est en train de passer, dans le discours, de la lutte contre le réchauffement climatique à l'adaptation au changement climatique. Quand on ne peut pas changer une réalité, il faut s'y adapter. Et pour cela, il faut s'inspirer. Par exemple en regardant les régions les plus touchées. Au Maroc, sur le mont Boutmezguida, des filets finement tressés attrapent la brume provoquée par le réchauffement de l'Océan. Les gouttelettes piégées alimentent un réservoir qui fournit 37 000 litres d'eau quotidienne à 1 000 habitants. Ailleurs, on construit des habitats troglodytes plus frais ou sur pilotis pour éviter les inondations. Des maisons sur barges avec vérins se multiplient sur les canaux en Hollande. En Californie, on blanchit les routes goudronnées ou les toitures. En Europe, on recrée des zones humides, on retrouve les lits sinueux de rivières pour ralentir les écoulements, on végétalise des quartiers urbains. Les sources d'inspiration sont nombreuses. Ici, on n'est pas dans la lutte, mais dans l'adaptation. Et les efforts et les investissements nécessaires à cette adaptation sont probablement plus atteignables que ceux qui sont chiffrés pour la lutte contre le réchauffement. Nous avons déjà perdu beaucoup de temps, alors allons chercher l'inspiration pour nous adapter au monde qui vient.

ILLUSTRATION :
Elene Usdin

ECO KEYS

La revue de ceux qui conjuguent économie et environnement

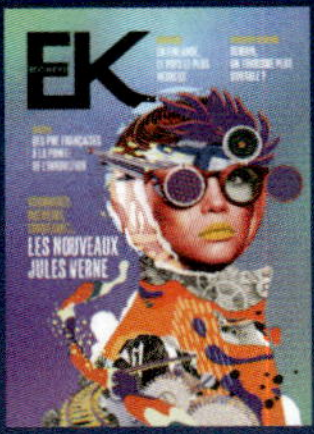

N°1
ECO KEYS
OCTOBRE 2021

N°2
ECO KEYS
AVRIL 2022

N°3
ECO KEYS
OCTOBRE 2022

N°4
ECO KEYS
AVRIL 2023

N°5
ECO KEYS
OCTOBRE 2023

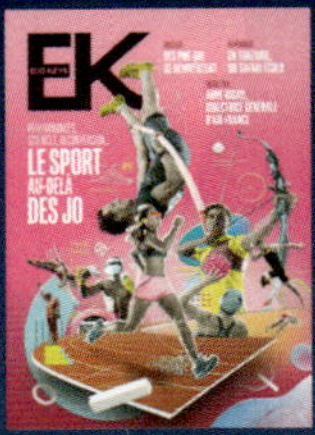

N°6
ECO KEYS
AVRIL 2024

N°7
ECO KEYS
OCTOBRE 2024

N°8
ECO KEYS
AVRIL 2025

N°9
ECO KEYS
OCTOBRE 2025

Retrouvez ECO KEYS chaque semestre :
en librairie, en téléchargement sur les plateformes en ligne et sur notre site https://revue-ecokeys.com/

contact.ecokeys@mascaret.eu

SOMMAIRE

N°9

© Martin Bruno

© Thomas Deregnieaux

© Catherine Levesque-Lecointre

© Bibliothèque de Versailles

FRANCE

ICI & MAINTENANT

PETITES INFOS, GRANDS CHANGEMENTS

OIGNONS

UNE SOLUTION POUR EN FINIR AVEC LES LARMES

Des chercheurs de l'université Cornell (États-Unis) ont étudié la raison qui déclenche la production de larmes au moment de la découpe d'un oignon et ont trouvé la solution. En cause, l'oxyde de propanethial, une molécule organique volatile qui irrite les yeux, lorsque le couteau entre en contact avec le bulbe. Les physiciens ont découvert que plus la lame était fine et tranchante, moins de gouttelettes atteignaient l'œil.

GÉOTHERMIE

LA MAIRIE DE CHALONNES-SUR-LOIRE

Pour moderniser l'Hôtel de Ville, la commune s'est engagée dans une transformation ambitieuse, à la fois technologique et durable : conjuguer géothermie et rénovation énergétique. Le programme de rénovation s'appuie sur la mise en place de trois sondes géothermiques de 199 m de profondeur pour capter l'énergie du sol ; l'installation d'une pompe à chaleur réversible, assurant chauffage en hiver et confort d'été ; une amélioration globale de l'enveloppe thermique – laine de bois, triple vitrage, ventilation optimisée et éclairage LED. Coût de l'opération : 1,45 million d'euros HT.

BIODIVERSITÉ

LA NATURE REPREND SES DROITS APRÈS LES JO

Un an après les Jeux olympiques de Paris 2024, la faune et la flore reprennent possession des sites du Cluster des Médias et du Village des Athlètes. Mis en place dans le cadre de l'héritage écologique de l'événement, le dispositif de suivi révèle une faune urbaine et périurbaine étonnamment riche (pipistrelle, sauterelle, rougegorge, geai des chênes...), observée grâce à une technologie de captation sonore innovante.

HEALTHTECH

UN SECTEUR EN PLEINE EFFERVESCENCE

Face au vieillissement démographique, à l'engorgement du système hospitalier et à l'essor des technologies de pointe, la santé se réinvente sous l'impulsion des start-up, des incubateurs hospitaliers et des clusters biotech. Résultat : l'innovation médicale devient un véritable terrain d'expérimentation. En France, la filière de la healthtech connaît une forte progression, avec des levées de fonds en hausse de 35 % sur un an. © D.R.

FORT BOYARD

LE SITE, BIENTÔT SAUVÉ DES EAUX

Le monument historique, célèbre par l'émission sur France 2, présente des fissures dues à la houle. Afin d'assurer sa pérennité, le Conseil départemental de Charente-Maritime a lancé un vaste chantier de rénovation et de restauration de 44 millions d'euros. Des tests ont été préalablement menés, visant à reconstruire fidèlement les protections du fort et garantir leur solidité face aux futurs aléas climatiques. Pour relever ce défi technique – un chantier en pleine mer –, des ouvrages seront d'abord construits au sol, puis intégrés à l'ensemble architectural. Le fort accueillera de nouveau le public à partir d'août 2028.

FFTM

CES TRUCS QUI MARCHENT !

Cofondateur de la Fédération française des trucs qui marchent (FFTM) avec le cabinet Évidence, Raphaël Ruegger, conseiller municipal de Neuvy-sur-Barangeon, une commune du Cher, sillonne toute la France à la recherche d'initiatives locales portées par des élus locaux ou des habitants qui ont fait leurs preuves sur le terrain et méritent d'être dupliquées. Il répertorie ensuite les bonnes astuces – une ferme municipale en région Paca, un bus médical en Moselle, une cantine intergénérationnelle en Bretagne... – et poste les idées sur le site de la FFTM. Pour que les bonnes idées circulent et améliorent le quotidien des habitants ! © Stéphanie Paquet

TOURISME

CHERBOURG-EN-COTENTIN NAVIGUE À CONTRE-COURANT

Tandis que des villes comme Cannes et Nice s'efforcent de réduire les émissions polluantes des navires à quai, la cité normande renoue avec son héritage maritime et ouvre grand les portes de son port. Une stratégie assumée qui lui vaut de se démarquer : en 2023, elle a obtenu le label officiel « Cruise Friendly », et s'impose comme le premier port de la façade atlantique française. Chaque année, ce sont près de 180 000 passagers qui débarquent à Cherbourg, à l'occasion d'environ 65 accostages. © Ginette Creusson

CYBERSÉCURITÉ

L'ARMÉE SIGNE AVEC AIRBUS

Confrontée à la montée en puissance des menaces numériques, l'Armée française a décidé de faire appel à la branche Defense and Space d'Airbus. Objectif : former 5 000 cybercombattants opérationnels de 2025 à 2030. Ses spécialistes devront faire face à toutes sortes de menaces numériques : virus, vols de données, blocages de systèmes ou campagnes de désinformation... Le projet inclut la conception, l'installation et la maintenance de « plateformes d'entraînement » dédiées. Les entraînements serviront de cadre à des scénarios d'attaques-défenses simulant des opérations réelles. Le montant du contrat s'élève à 250 millions d'euros. © COMCYBER

MONDE

LÀ-BAS & MAINTENANT

PETITES INFOS, GRANDS CHANGEMENTS

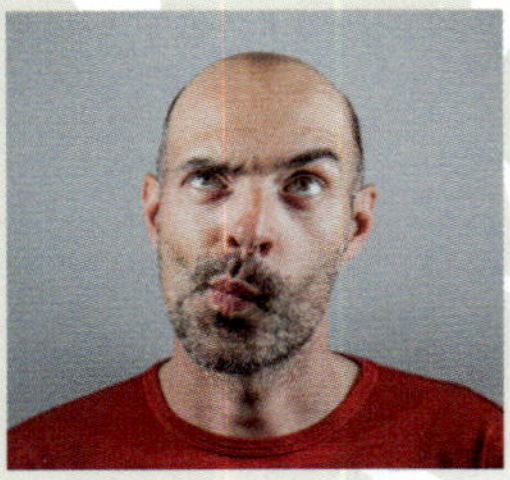

SCIENCES

ON A TROUVÉ LE REMÈDE À LA CALVITIE

En étudiant l'effet du désoxyribose, un sucre présent dans l'organisme, sur la cicatrisation de plaies chez des souris, des chercheurs des universités de Sheffield et Comsats ont constaté une croissance accélérée de la fourrure autour des zones traitées. Intrigués, ils ont testé un gel biodégradable non toxique à base de désoxyribose, sur des souris. Résultat : une repousse de poils longs et épais en quelques semaines.

© Kirbyphoto / iStock

HABITAT BIOCLIMATIQUE

ÊTES-VOUS PRÊT À VIVRE SOUS CLOCHE ?

En Suède, dès les années 1970, l'architecte Bengt Warne imagine la Nature House : une maison classique protégée par une serre géante. Ce dôme de verre capte la chaleur solaire, créant un microclimat stable et réduisant les besoins en chauffage. Il protège aussi des intempéries, prolonge la durée de vie des matériaux et permet de cultiver fruits et légumes toute l'année. Grâce à une ventilation naturelle et à des ouvertures bien pensées, la température reste agréable même en été. Équipée de panneaux solaires et d'un système de récupération d'eau, la « maison sous serre » tend vers l'autonomie énergétique. Aujourd'hui, ce concept continue de séduire et s'exporte en France. © Ulf Celander

CHINE

LA PLUS GRANDE VILLE DU MONDE S'APPELLE...

Bienvenue à Chongqing. Avec ses 82 400 km², la municipalité chinoise fait 782 fois la taille de Paris. Baignée par le Yang-Tsé, le plus long fleuve d'Asie, abritant plus de 2 000 gratte-ciel, Chongqing compte 32 millions d'habitants. La ville verticale, où les routes se superposent et le centre-ville se compose de plusieurs niveaux, doit son gigantisme à sa fusion en 1997 avec les villes de Qianjiang, Wanzhou et Fuling.

© Zhang mengyang / iStock

ABEILLE

ELLE A LA CAPACITÉ DE SE CLONER

Chez, l'abeille du Cap (*Apis mellifera capensis*), les ouvrières se reproduisent sans mâle, par parthénogenèse. Ce mécanisme de « clonage » permet à certaines lignées de se perpétuer depuis plus de trente ans, sans risque de consanguinité. En effet, les chercheurs ont identifié une mutation empêchant la recombinaison génétique. À l'inverse, la reine, elle se reproduit par fécondation et peut pondre jusqu'à 2 000 œufs par jour. © zhongguo / iStock

DÉFI DÉMOGRAPHIQUE

LA POPULATION ACTIVE DÉCROÎT DANS L'OCDE

Nous sommes à un tournant historique. Selon le rapport « Perspectives de l'emploi de l'OCDE 2025 », la population en âge de travailler (20-64 ans) n'augmente plus dans les pays de l'OCDE. D'ici à 2060, le nombre d'actifs aura diminué de 8 %. Pourquoi ? La durée de vie augmente et le nombre des naissances baisse. Conséquence : un manque de main-d'œuvre dans l'industrie et les services. À plus long terme se pose la question du financement des retraites et des dépenses de santé. En 2060, chaque actif contribuera à ses besoins mais aussi à au moins 50 % des besoins d'une personne âgée à la retraite.

CHIFFRE

SEULEMENT 9 %

Depuis 2018, l'Unesco a fait de l'Afrique une priorité. De la formation d'experts locaux au soutien de la préparation des candidatures, en passant par le financement de chantiers de sauvegarde, plus de 34 millions de dollars ont été mobilisés par l'Organisation des Nations unies depuis 2020 en faveur du patrimoine africain. Cette année, cinq nouveaux sites africains ont été inscrits au Patrimoine mondial de l'Unesco dont le paysage culturel Diy-Gid-Biy des monts Mandara au Cameroun et le mont Mulanje au Malawi. Un signal fort pour un continent encore trop peu représenté. Sur les 1 248 biens inscrits au Patrimoine mondial de l'Unesco, l'Afrique compte seulement une centaine de biens mais près d'un quart de ceux menacés par des conflits, le réchauffement climatique ou l'exploitation des ressources. © Joschka_Woeste / iStock

RECORD

MILWAUKEE BÂTIT LE PLUS HAUT GRATTE-CIEL EN BOIS

Le chantier du Neutral Edison, futur gratte-ciel en bois de 114 mètres, a débuté à Milwaukee. Pensé par le promoteur Neutral et le cabinet HPA, ce projet vise bien-être et durabilité. Avec ses 31 étages et 378 appartements de luxe, il deviendra en 2027 le plus haut bâtiment en bois au monde, surpassant l'Ascent (86,6 m), déjà construit dans la ville. Les matériaux utilisés pour la construction de Neutral Edison devraient réduire l'empreinte carbone et la consommation d'énergie de plus de 45 % par rapport aux bâtiments conventionnels de même typologie et de même usage. L'Edison proposera spa, salle de sport, *sky lounge*, cinéma et jardin communautaire, tout en plaçant Milwaukee à l'avant-garde de la construction durable. © Neutral

SANTÉ

SRT-H, LE ROBOT CHIRURGIEN AUTONOME

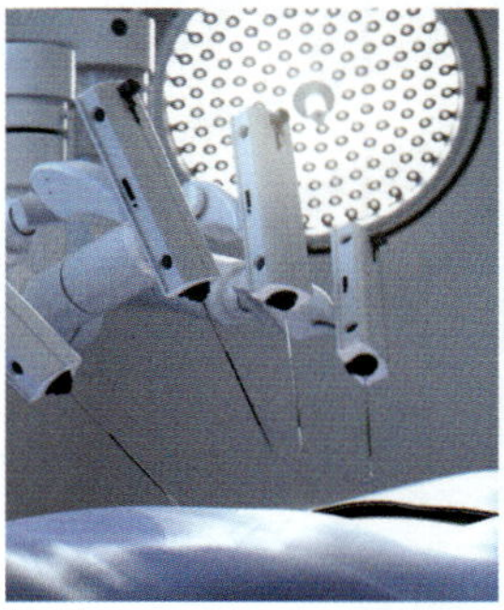

À l'université Johns-Hopkins, le robot SRT-H a réalisé pour la première fois, de manière autonome, une étape complexe d'une ablation de la vésicule biliaire. L'opération s'est déroulée sans intervention humaine, hormis quelques commandes vocales. Pour cela, SRT-H utilise une architecture d'apprentissage automatique avancée, comparable à celle de ChatGPT, qui lui permet de comprendre les instructions vocales du personnel médical. Entraîné à manipuler une aiguille, soulever des tissus et suturer, il est capable de s'adapter en temps réel à l'imprévu. Cette première marque une nouvelle avancée vers des opérations avec un minimum de supervision humaine. © PhonlamaiPhoto / iStock

« L'INSPIRATION, JE VAIS LA CHERCHER

© Philippe Matsas

AURÉLIE VALOGNES

AUTRICE

Figure majeure de la littérature française depuis dix ans, avec plus de 5 millions de livres vendus, et 11 romans à son actif, Aurélie Valognes nous a ouvert les portes de son univers créatif. Son dernier roman, *La Fugue*, paru au printemps dernier, se révèle un mélange troublant d'expériences personnelles et de fiction. Elle l'a écrit dans l'ancienne demeure de Jane Birkin à Lannilis, qu'elle a acquise à l'été 2024, et qu'elle souhaite aujourd'hui transformer en maison d'écrivaines. Fidèle à son style, Aurélie Valognes y explore les sujets de la transmission, et de la découverte de soi-même. Dans cet entretien, l'autrice nous dévoile comment l'inspiration guide ses pas, comment elle nourrit sa curiosité et la manière dont elle donne vie à ses histoires.

SUCCESS-STORY
En dix ans, l'autrice Aurélie Valognes a changé de vie, passant de l'autoédition au phénomène éditorial.

PROPOS RECUEILLIS PAR
ÉTIENNE THIERRY-AYMÉ

PARTOUT ET JE LA PROVOQUE AUSSI »

Étienne Thierry-Aymé : *Le thème de ce dossier, c'est « s'inspirer », « l'inspiration », cela vous inspire justement ?*
Aurélie Valognes : Oui. C'est un thème qui me touche et me parle beaucoup. Car c'est un peu l'histoire de ma vie. Je me sens très sensible à tout ce qui m'entoure, m'environne... Cela a un impact direct sur mon humeur et mon inspiration. J'ai besoin de m'entourer de beauté, d'harmonie, de douceur, de légèreté et de simplicité. Et, chaque jour, je cherche ainsi ces petites choses qui vont me mettre en joie, que ce soit une œuvre d'art, la nature, le rosier de mon jardin, le lilas, le soleil et les abeilles qui bourdonnent au moment où je vous parle. Ça me réancre à chaque fois et me permet de sentir que j'appartiens à quelque chose de plus grand que moi, au vivant, et de là, je sens vraiment que c'est comme une plante qui a la bonne lumière, pour grandir. Dès lors, l'inspiration peut arriver à tout instant. J'ai d'abord besoin de cette harmonie avec ce qui m'entoure, pour ensuite me sentir comme un réceptacle, ouvert à tout ce qui peut arriver.

> *«Il n'est jamais trop tard pour se réinventer et recommencer.»*

É. T.-A. : *Vous avez donc un rapport très actif à l'inspiration ?*
A. V. : Absolument, je ne l'attends pas, je me mets en mode réception. Mon moteur, c'est l'apprentissage. Tous les jours, je lis, je réfléchis, me nourris, cherche à trouver la bonne piste, vois ce qui résonne en moi. L'inspiration est partout, même dans la capacité à casser mes routines. Récemment, j'ai par exemple arrêté de lire pour guetter l'inspiration ailleurs. Ce qui a priori était inimaginable pour moi qui suis une droguée de la lecture... Ce temps de « vacances » sans lecture m'a permis de me remettre à écrire à la main, à cuisiner davantage, me balader dans la nature. L'inspiration, je vais donc la chercher partout, je la provoque beaucoup aussi, oui.

É. T.-A. : *Dans vos romans, notamment le dernier, on perçoit aussi de plus en plus une forme de porosité entre fiction et réalité...*
A. V. : Oui. Et, c'est la première fois que cette porosité est aussi marquée. Avant, j'écrivais à la troisième personne, mes valeurs transparaissaient plus discrètement. Même si j'étais sûre qu'à travers mes romans on pouvait savoir qui j'étais. Je me suis aussi rendu compte que parfois, il pouvait y avoir des malentendus avec certains lecteurs... *La Fugue*, je l'ai donc écrit avec le « je » parce que j'avais des choses à dire en tant que femme, mère, transfuge de classe, écrivaine. Ce roman comme mon héroïne, Inès, me ressemble à bien des égards, c'est certain. Au début, « la fugue », c'était celle d'une femme, moi, Inès, qui part retaper une maison pour se prouver qu'elle en est capable. Et, puis, je me suis rendu compte que je m'étais redressée, que j'avais réglé mon sentiment d'imposture, mon manque de confiance grâce au regard bienveillant d'autres personnes... C'est ainsi aussi que se sont tissées les amitiés dans le roman, comme celle avec la peintre ou l'ostréicultrice. Ces rencontres, imprévues dans la vie et le roman, ont été comme une évidence.

É. T.-A. : *Avec partout une forme de dualité, entre quête intérieure et nécessité d'être avec les autres...*
A. V. : Oui, c'est une phrase du philosophe Emmanuel Levinas que je fais mienne : « *Le meilleur chemin pour aller vers soi passe par les autres.* » Comme Inès, j'ai compris que j'étais très solitaire, que j'avais besoin de temps à moi, de silence. J'ai aussi découvert mon hypersensibilité, qui fait que le moindre

QUÊTE INTÉRIEURE
Pour Aurélie Valognes, citant Levinas : « *Le meilleur chemin pour aller vers soi passe par les autres.* »
© Xantana / iStock

CASSER LES CODES
Après « une discussion profonde avec elle-même », l'autrice divise désormais son temps en quatre : famille, travail, amis, un temps pour soi.
© Patrick Chevalier

bruit ou une odeur peuvent me perturber. J'ai besoin de nourrir la part artistique en moi, et qui n'intéresse personne d'autre dans ma famille, d'où le besoin d'être seule. Mais parfois, j'ai tellement besoin de partager cette attention au beau, au détail, à l'harmonie, que j'ouvre ce monde à des amis qui y sont sensibles aussi. La plupart de mes amies proches d'ailleurs écrivent ou partagent cette hypersensibilité.

É. T.-A. : *Est-on obligé, selon vous, de « partir » pour se réinventer, comme toutes les femmes de ce roman ?*
A. V. : Je ne sais pas si on est obligé de partir physiquement. Et, puis surtout, on n'a pas tous les moyens de le faire. C'est important de le dire aussi... Mais, en tout cas on est obligé, je pense, de casser les codes qui nous ont structurés depuis l'enfance. Il faut avoir une discussion profonde avec soi-même sur ce qui nous rend heureux ou malheureux. Je me suis rendu compte par exemple que j'avais toujours entendu que la famille et le travail étaient les choses les plus importantes, mais je n'étais pas toujours très bien avec ça. J'ai donc désormais décidé de diviser mon temps en quatre : famille, travail, amis, un temps pour moi. C'est essentiel, même si la société n'y est pas toujours préparée, surtout quand on est une mère. Se réinventer, c'est aussi ça, réinventer son modèle de couple, accepter qu'on ne soit pas la même personne à 20 ans qu'à 40. Ce n'est pas partir « contre » les autres, contre son mari, contre ses enfants, mais « pour » soi. La clé est de se connaître, de savoir ce qui nous fait du bien, et de se moquer des injonctions de la société.

É. T.-A. : *Cette capacité à se réinventer, c'est lié aussi à l'écriture chez vous ?*
A. V. : Je ne ferais pas ce parallèle. C'est plutôt lié à l'impression d'avoir déjà eu 1 000 vies. J'ai été prof de gymnastique rythmique sportive (GRS), j'ai grandi dans une HLM, j'ai été en Cité U pour suivre mes études à Reims, j'ai vécu à Genève, à Paris, en Italie... J'ai eu deux enfants. Et, d'un coup, parce que rentrée en France et devenue écrivaine, que j'ai trouvé ma voix, il faudrait ne plus me poser de questions ? Certes, je ne me vois plus faire autre chose qu'écrire, mais pourquoi ne pas envisager un jour l'écriture d'un scénario ? Ou chanter ? Ou apprendre le piano ? Je joue déjà de la guitare. En fait, je laisse tout ouvert à ma fibre artistique, et tout vient me nourrir. Tous les arts me sont vitaux et nécessaires.

É. T.-A. : *Comment se déroule le processus créatif chez vous, de l'idée à sa réalisation ?*
A. V. : Comme nombre d'artistes et d'écrivains, je ne pense qu'à ça tout le temps. Quand on est passionné par l'écriture, on est tendu vers cet objectif. Actuellement, je réfléchis au prochain roman qui sortira en 2026, et je n'ai absolument rien de concret. C'est comme un tableau lointain, sans couleurs ni formes précises. Je peux avoir un début de titre ou un mot qui me

plaît, et je vais lire des choses sur ces thèmes. L'inspiration peut venir d'un mot dans la presse, d'un personnage, d'une histoire, tout vient d'un coup. Quand j'écris, j'ai l'impression de vider tout ce qu'il y a en moi et de me remplir de nouvelles choses. Mes lectures actuelles sont très variées, de la spiritualité à la philosophie, en passant par le bon goût.

É. T.-A. : *Votre manière d'écrire a-t-elle évolué avec le temps ?*
A. V. : Oui, à une époque, j'étais très organisée. Je traçais l'ossature du plan sur Excel, et je m'isolais deux semaines pour le premier jet. Maintenant que j'écris au « je », je suis incapable de me projeter ainsi, car c'est mélangé à mes ressentis.

É. T.-A. : *Il y a aussi une forme de science du titre chez vous... Comment les choisissez-vous ?*
A. V. : Il n'y a pas de règle. Au début, mes titres étaient empruntés à des expressions familières comme *Mémé dans les orties*. Mais, j'ai eu l'impression à un moment donné de me caricaturer. Ensuite, j'ai laissé les mots s'assembler comme *Le Tourbillon de la vie* ou *La Ritournelle*. Pour mes trois derniers romans plus intimes, j'ai abandonné les titres-expressions. *L'Envol*, qui évoque la relation mère-fille, a été trouvé au dernier moment, alors que mon roman *La Fugue* s'est imposé comme une évidence avec mon éditrice dès le début.

É. T.-A. : *Vous partez donc à chaque fois d'une question, puis vous amassez de la matière pour écrire votre histoire ?*
A. V. : Exactement. Avec *La Fugue*, la question de départ était : quand on arrive à la moitié de sa vie et qu'on a tout mis en place – mari, maison, enfants –, a-t-on le droit de tout recommencer, de se réinventer, de tout brûler pour repartir de zéro ? Le petit train qui avance, journée après journée, moi ça m'angoisse. Et, je me suis rendu compte que je n'étais pas la seule...

É. T.-A. : *Vous avez donc une phase de maturation, puis vous vous astreignez à écrire un premier jet, c'est bien ça ?*
A. V. : Oui, là où certains vont à la plage, moi, je m'enferme chaque année au mois d'août, c'est mon mois d'écriture. C'est le moment où je ne me laisse pas le choix : je dois ressortir avec un premier jet. Pour *La Fugue*, l'été dernier, dans ma nouvelle maison, j'ai été très prolifique : en trois ou quatre semaines, j'avais peut-être 800 pages, qui contenaient d'autres idées de romans, des sujets qui me travaillent encore, et reviendront tant que je ne les aurai pas approfondies ; et 150 sur les raisons du départ d'Inès, qui n'ont finalement pas été gardées dans le roman, mais qui m'ont aidée à la comprendre.

LA FUGUE
Publié en mars 2025, aux éditions JC Lattès, ce roman met en scène Inès, une femme mariée qui, à la moitié de sa vie, se sent prisonnière d'une existence qui ne lui correspond plus. Elle décide de tout quitter...

« Certains vont à la plage, moi, je m'enferme chaque année au mois d'août, c'est mon mois d'écriture... »

De retour chez moi après les vacances, je reprends ma vie de famille avec mes deux enfants à déposer à l'école, et mon premier jet... Tellement mauvais que j'ai parfois honte en me relisant. Je me dis « *qu'il n'y a rien à sauver* ». Et puis quand même, je me dis « *non, j'aime cette idée, j'aime ce truc-là, si on le déplaçait avant, peut-être que ça aiderait* ». C'est vraiment se confronter à sa propre nullité, à son imperfection, à sa médiocrité et malgré tout se dire : « *J'ai déjà parcouru un bout de chemin, je ne vais pas m'arrêter là, je vais poursuivre mes efforts pour donner forme à ce texte, à cette histoire. Je le dois presque à mon personnage, et à tous les lecteurs et lectrices qui s'y retrouveront.* » Donc oui, c'est au moins quatre à cinq mois de réécriture intense à s'arracher les cheveux, où franchement je ne fais que piétiner. J'avance comme une fourmi, mot après mot, je passe de 5 % à peu près du roman, à 8 % puis à 12 %. Et puis vient novembre, et je me dis que je n'y arriverai pas. Et, d'un coup, le lendemain, je suis à 85 %. Mais j'adore ça, écrire, écrire, écrire, c'est ma passion absolue. C'est un processus très angoissant, mais, une fois terminée, la récompense est absolue, je suis fière d'avoir donné le maximum.

« Ce qui est vrai, c'est que je doute toujours d'avoir "la" bonne idée. Mais les idées, j'en ai plein. »

É. T.-A. : *Vous ne craignez jamais la page blanche ou la panne d'écriture ?*
A. V. : Pas vraiment. Non. Ce qui est vrai, c'est que je doute toujours d'avoir « la » bonne idée. Mais les idées, j'en ai plein. J'ai l'impression que même si on imposait à tous les auteurs un thème unique, comme par exemple « les nuages », nous serions toutes et tous capables d'accoucher d'un texte extraordinaire, car nous portons tous au fond de nous, quelque chose à exprimer, à crier. Après chacun est plus ou moins mort de faim, avec un élan et une détermination, une volonté. J'ai pour ma part un feu intérieur, comme une forme d'hyperactivité, intérieure, contemplative. Et, j'ai besoin que ça sorte, que cela résonne avec les lecteurs. L'inspiration est toujours la confirmation du roman que je vais finir par écrire, et je la trouve quasiment toujours dans les rencontres avec les lecteurs en librairie. Leurs questions, leurs retours, viennent conforter ce que je pressentais et me donnent l'élan d'écrire.

É. T.-A. : *Et quel est le sujet qui pourrait vous pousser en ce moment ?*
A. V. : Dans ce monde et cette période hyper agressive que nous vivons, un mot revient souvent chez les lecteurs et les lectrices, c'est le mot de douceur. Je me dis « tiens ».

É. T.-A. : *La transmission est également un thème central chez vous, n'est-ce pas ?*
A. V. : Déjà, merci pour cette question, car ce mot de transmission résume en effet certainement le mieux l'ensemble de mes livres. J'ai commencé à écrire, et je pense que ce n'est pas un hasard, après la naissance de mon premier enfant et la perte d'une cousine de 32 ans d'un cancer du sein. On se dit alors : « *Ok, donc tout peut vraiment s'arrêter du jour au lendemain ?* » « *Et, concrètement, qu'est-ce qu'on laisse derrière soi ?* » *Quelles sont ses valeurs ?* » Chaque roman est comme « *la dernière chose que j'avais à dire sur Terre* ». Ce qui devrait évidemment se terminer par « *aimez-vous les uns les autres* ». Tous mes romans parlent de ça, de ce que l'on apprend de nos aînés, de nos amis, de ce que nous transmettons à nos enfants, de

LA FUGUE
Un roman à la première personne, dont l'héroïne, Inès, ressemble à l'autrice.
© Patrick Chevalier

SOURCE D'INSPIRATION Pour l'autrice, c'est incroyable de savoir qu'une phrase a résonné chez ses lecteurs ou lectrices, et qu'elle leur a parfois donné le courage de prendre la plume... © Patrick Chevalier

ce qu'ils nous apprennent eux aussi. La transmission, c'est dans tous les sens.

É. T.-A. : *Le fait d'être devenue, à votre tour, une source d'inspiration, cela vous inspire, vous touche ?*
A. V. : Après plus de dix ans d'écriture, c'est incroyable, oui, de faire partie de la « famille » des lecteurs et des lectrices. Quand ils me disent qu'une phrase a résonné en eux, que je leur ai donné le courage de prendre la plume, et ça arrive beaucoup plus souvent depuis que j'écris à la première personne, c'est certainement parmi mes plus beaux cadeaux. Ça me pousse à continuer à montrer qu'on peut y croire et se réinventer. Mon parcours, personne n'y croirait, si on l'écrivait dans un roman : je n'ai pas suivi de cursus littéraire, je ne connaissais pas le milieu, et je viens d'une classe sociale populaire. Mais, les livres m'ont ouvert des portes que je n'aurais jamais pu franchir, et cela grâce à ma mère qui m'emmenait à la médiathèque tous les mercredis. Il y a dix ans, j'avais presque oublié mon rêve de petite fille de devenir écrivaine... Et puis, un jour, la vie a fait que je me suis dit « *c'est maintenant ou jamais* ». Je m'y suis mise, j'y ai cru, j'ai trouvé le système de l'autoédition. Ça a cartonné, et les éditeurs sont venus me chercher. Mon premier roman, *Mémé dans les orties*, s'est vendu à plus d'un million d'exemplaires. Comme quoi, il n'est jamais trop tard pour se réinventer et recommencer.

RECOMMENCER Prenant son exemple, Aurélie Valognes estime qu'il n'est jamais trop tard pour se réinventer. © Unsplash / Sixteen Miles Out

CULTIVER SA CURIOSITÉ

AVANT D'ÊTRE UNE ÉTINCELLE GÉNIALE, TOUTE INSPIRATION EST LE FRUIT D'UN TRAVAIL PATIENT QUI PUISE À LA SOURCE DE LA CURIOSITÉ... UNE DISCIPLINE À LAQUELLE S'ASTREINDRE, À LA RACINE DE TOUTE CRÉATION.

RÉALISÉ PAR
ÉTIENNE THIERRY-AYMÉ

« *La créativité est l'art de dissimuler vos sources* », affirmait Coco Chanel. Pour la créatrice de mode, pas de créativité, en effet, sans inspiration ! Pour créer, il est ainsi essentiel d'exercer sa curiosité, en identifiant les sources capables de nourrir et féconder son inspiration. Celles qui, à travers les rencontres, les lectures, l'écoute... alimentent la créativité !

Universelle et protéiforme, la curiosité est donc le moteur silencieux de l'exploration scientifique, de l'élan entrepreneurial ou encore de l'élaboration artistique. Pierre-Gilles de Gennes, prix Nobel de Physique 1991, en est une illustration : il avait le don de transmettre avec clarté des notions très complexes, notamment grâce au dessin. C'est ce que rappelle l'autrice Aurélie Valognes en ouverture de ce dossier.

Mais comment cultiver sa curiosité à l'heure de l'instantanéité numérique où il suffit désormais de savoir « prompter » pour obtenir réponse à tout ?

Thibault Lamarque, le fondateur et président de Castalie, qui propose depuis 2011, une solution d'eau micro-filtrée alternative aux bouteilles classiques, la cultive d'abord en s'informant. « *Je lis quotidiennement la presse*, explique-t-il. *J'écoute aussi la radio.* » Cela passe également, pour cet entrepreneur engagé, par multiplier les rencontres, et se former « *afin de détecter les signaux faibles* ». *Car* « *plus on se forme, plus on s'informe, et plus on les détecte* », analyse-t-il. Pour ce faire, il appartient notamment à plusieurs réseaux de dirigeants : APM, YPO... Ce qui lui permet de rencontrer ses pairs, et d'assister régulièrement à des conférences inspirantes sur « *des sujets qui sortent du quotidien du chef d'entreprise* » : sommeil, IA, biodiversité... Grâce à la BPI, il a pu également participer à plusieurs séminaires à HEC sur le leadership. De dévoiler sa méthode : « *Apprendre, digérer, puis imaginer.* » Quant aux moments de créativité pure ? Ils passent, chez lui, par se déconnecter. « *J'ai besoin d'être seul, au calme, avec un esprit qui vagabonde »*, avoue-t-il.

« J'ai un autre moyen de m'inspirer, poursuit-il, *c'est mon Podcast, La Relève. »* À son casting récent : Bris Rocher, Anaïs Voy-Gillis, Alex Guilluy, Antoine Denoix ou encore Pascal Demurger. Un temps d'échange qui lui permet, tous les quinze jours, de dialoguer avec « *des personnalités inspirantes* », tout comme l'est, aussi pour lui, un de ses mentors, entré au *board* de son entreprise, Thierry Roussel, le cofondateur de Direct Energie. Être accompagné comme accompagner... En tant que *business angel*, Thibault Lamarque est également associé au sein du fonds 50 Partners Impact. Une façon de redonner, et d'inspirer en retour.

Cultiver sa curiosité ? « *C'est l'une des qualités fondamentales de l'entrepreneuriat* », abonde Philippe Cougé, président et cofondateur, avec sa femme Véronique, de la franchise Mediaclinic, spécialisée dans la réparation et le réemploi des appareils multimédias, en charge de l'entrepreneuriat responsable à la CCI de Maine-et-Loire.

Une « démarche individuelle » qu'il regrette parfois de ne pas trouver chez tous les collaborateurs. Cela passe chez lui par lire beaucoup sur tout et de tout, en français comme en anglais. Une bonne dizaine d'heures chaque semaine : « *LinkedIn, des ouvrages sur le management, les nouveaux modes d'entrepreneuriat, le salariat, les nouvelles tendances retail, etc.* », dévoile-t-il.

Une démarche « totalement conscientisée », chez ce dirigeant. « *Pour entreprendre, il faut se servir de sa curiosité afin de trouver de nouvelles idées, de nouveaux projets dans des sentiers pas toujours encore explorés* », insiste-t-il. « *J'aime aussi beaucoup regarder ce que font les autres pour ne pas faire comme eux. Surtout ne pas copier !* », révèle-t-il. Le risque en effet, quand on n'est pas curieux, alerte-t-il, « *c'est de copier par ignorance* ».

De chercher la source, chez lui, de cette curiosité insatiable dans la nécessité d'essayer « *de maîtriser un maximum de sujets qui concernent l'entreprise* », et d'avoir en particulier un certain niveau face aux experts : expert-comptable, DRH, fiscaliste, avocat, etc. « *Ce n'est pas pour briller, je déteste ça* », jure Philippe Cougé, ni « *pour devenir un expert moi-même* », mais bien pour « *avoir le bagage minimum pour comprendre, et être capable de "challenger" les experts, et éviter de tout prendre pour argent comptant* », conclut-il.

Curiosité au quotidien
3 manières simples pour réveiller son esprit

1 Brisez votre routine

Le confort des habitudes peut devenir une prison pour l'esprit. Pour cultiver votre curiosité, le premier pas consiste à bousculer vos routines. Changez d'itinéraire pour vous rendre au travail, écoutez un nouveau podcast, ou lisez un journal différent. Ces gestes, anodins en apparence, forceront votre cerveau à explorer de nouvelles pistes, et à percevoir le monde sous un nouvel angle. Et, cela commence dès aujourd'hui.

2 Libérez vos pensées

Le questionnement est le moteur de la créativité. Pour ce faire, réveillez l'enfant qui sommeille en vous en l'autorisant à poser toutes les interrogations possibles. Privilégiez les formulations ouvertes : elles cultivent l'ouverture d'esprit, et stimulent l'imagination. Avant de démarrer un projet, par exemple, listez toutes les idées qui vous viennent à l'esprit pour en définir les contours. Cela marche aussi à plusieurs, en entreprise, grâce aux différentes techniques de *brainstorming, mind mapping, world café* ou encore *sad mad glad*... Un cadre clair est indispensable, en particulier en milieu professionnel. Sans repères précis, les possibilités peuvent sembler infinies, rendant difficile leur concrétisation.

3 Apprivoisez l'ennui

À une époque, où nous sommes constamment bombardés de stimuli numériques, l'idée de s'ennuyer peut sembler paradoxale. Et pourtant, les scientifiques sont formels : savoir gérer notre ennui est bénéfique pour le cerveau ! S'accorder des moments de pause lui permet de vagabonder et de prendre du recul. Installez une routine quotidienne : par exemple, prévoyez une journée sans téléphone, ni distractions, ou pratiquez une méditation, une séance de natation, ou toute autre activité propice à la déconnexion. L'objectif est de vous laisser guider par vos pensées. Car c'est souvent en libérant l'esprit que naissent les idées les plus novatrices et que les problèmes complexes trouvent leurs solutions, le mental associant des idées a priori éloignées.

QUELLES BELLES IDÉES !

COMMENT UNE IDÉE SIMPLE, PORTÉE PAR UNE VISION FORTE, ET UNE EXÉCUTION RIGOUREUSE, PEUT TRANSFORMER LE QUOTIDIEN...

RÉALISÉ PAR ÉTIENNE THIERRY-AYMÉ

On connaît tous l'histoire de l'invention fortuite du post-it, ce petit bout de papier adhésif utilisé la première fois dans son église, pour marquer les pages de son livre de psaumes, par un chercheur de chez 3M, également chef de chœur ; un peu moins peut-être celle du lancement d'eBay en 1995, dont l'histoire semble toutefois avoir été un peu romancée par le service de presse de la plateforme d'enchères. Selon la légende, son fondateur, Pierre Omidyar aurait en effet lancé la plateforme pour permettre à sa femme d'acheter et vendre des distributeurs de bonbons PEZ qu'elle collectionnait.

Produits comme services, combien sont-elles en réalité ces bonnes idées qui ont révolutionné notre quotidien ? Des dizaines, des centaines... voire des milliers à travers les siècles, et le monde ?

Reste que ce n'est pas tant d'avoir « la » bonne idée qui semble important aux yeux des entrepreneurs, mais bien d'avoir la capacité « *à savoir l'exécuter parmi les premiers et savoir s'entourer* », insiste Philippe Cougé, cofondateur et président du réseau MediaClinic. Il publie cet automne chez L'Harmattan, *Entreprendre, l'aventure ultime*.

Même son de cloche ou presque chez Thibault Lamarque, fondateur et président de Castalie. « *Des bonnes idées, on en a tous*, souligne l'entrepreneur. *Mais la majorité reste dans les cartons. Ce qui compte vraiment, c'est de réussir à les transformer en business.* » Pour lui, la clé réside dans la capacité d'adaptation : « *Entre l'idée, le premier projet et la réalité, il faut sans cesse ajuster, affiner, s'adapter.* » Et de poursuivre : « *Les meilleurs entrepreneurs sont d'ailleurs ceux qui restent focalisés sur un objectif simple : offrir le meilleur produit ou le meilleur service pour répondre à un vrai besoin.* » Mais même avec une bonne idée et un bon produit ou service, le chemin reste long : « *A posteriori, on a souvent l'impression que tout s'est enchaîné facilement... En réalité, l'entrepreneuriat, c'est les montagnes russes. Des sommets, des descentes et des virages serrés !* »

Et, combien d'entrepreneurs portés disparus ? « *Ils sont pleins par exemple à avoir eu l'idée d'une plateforme de covoiturage*, précise Philippe Cougé. *Mais, Fré-*

© Blablacar

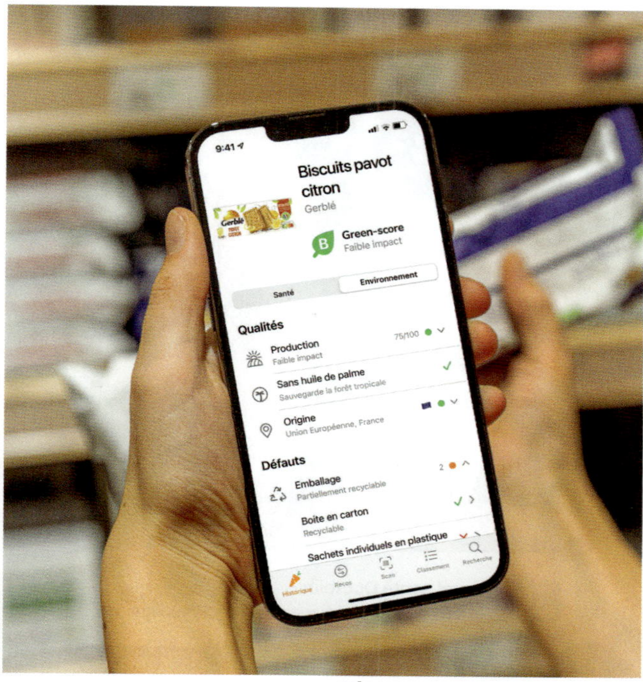

© Yuka

déric Mazella, c'est lui qui avait la meilleure recette, la meilleure équipe, et la meilleure stratégie d'exécution, et c'est donc lui qui survécut ». D'oser l'analogie avec la gastronomie « *avec les mêmes ingrédients, une même recette, un très grand chef, entouré de son équipe, réalisera un grand plat lorsque les autres cuisineront un plat immangeable* ». Au-delà de la bonne idée donc, des ingrédients et de la recette, le tournemain.

EXÉCUTION

Ce qui importe, ce n'est pas tant d'avoir « la » bonne idée mais d'avoir la capacité « à savoir l'exécuter parmi les premiers et savoir s'entourer ».

1 BLABLACAR

FRÉDÉRIC MAZZELLA (2006)

MUTUALISER LES TRAJETS EN VOITURE

L'IDÉE Créer une plateforme numérique pour mettre en relation conducteurs et passagers souhaitant partager des trajets longue distance. Plus qu'un simple service, c'est un écosystème de confiance à construire : système de notation, vérification d'identité, assurance dédiée.

Tout commence par une frustration personnelle en 2003. Frédéric Mazzella, diplômé de Stanford, rate un train pour rentrer chez lui dans la Sarthe. Bloqué, il observe l'autoroute et voit défiler des milliers de voitures avec un seul passager à bord. L'évidence le frappe : il y a forcément une solution pour optimiser ces trajets gaspillés. Cette épiphanie le pousse à imaginer une plateforme pour connecter conducteurs et passagers. Il faudra néanmoins des années de persévérance pour convaincre : les utilisateurs étaient réticents à monter en voiture avec des inconnus. BlaBlaCar est lancé en 2006.

Aujourd'hui, BlaBlaCar compte plus de 100 millions d'utilisateurs dans 22 pays. La plateforme a démocratisé le covoiturage en Europe, créant un mode alternatif de transport de masse qui rivalise avec le train et l'avion. Un nouveau rapport au voyage émerge, plus social et écologique.

2 YUKA

JULIE CHAPON (2017)

SCANNER LES ALIMENTS POUR COMPRENDRE LEUR IMPACT SANTÉ

L'IDÉE Développer une application mobile capable de scanner les codes-barres des produits alimentaires et cosmétiques pour révéler instantanément leur composition et leur impact santé. Un système de notation simple (0 à 100) avec code couleur permet des choix éclairés.

Julie Chapon a toujours été sensible aux questions de santé publique. C'est la découverte de l'ampleur des additifs et des ingrédients controversés cachés dans notre alimentation quotidienne qui la pousse à agir. Face à cette opacité généralisée, elle ressent le besoin urgent de démocratiser l'information nutritionnelle. Son objectif : permettre à chacun de faire des choix éclairés sans avoir besoin d'un doctorat en chimie alimentaire. Elle s'associe avec François et Benoît Martin pour

© Doctolib

© Too Good To Go

SIMPLIFIER LA VIE
Proximité, mise en relation, lutte contre le gaspillage... ces idées en apparence simples, portées par la persévérance de leurs créateurs sont aujourd'hui rentrées dans nos vies.

développer une solution simple et accessible. Yuka est lancée en 2017 et connaît un succès immédiat grâce à sa simplicité d'usage et son indépendance totale vis-à-vis des marques.

Avec plus de 50 millions d'utilisateurs, Yuka a bouleversé la grande distribution. Les industriels reformulent massivement leurs recettes pour améliorer leurs notes. Les consommateurs sont devenus plus exigeants, transformant toute une filière sous la pression de la transparence.

3 DOCTOLIB
STANISLAS NIOX-CHATEAU (2013)

SIMPLIFIER LA PRISE DE RENDEZ-VOUS MÉDICAL

L'IDÉE Créer une plateforme numérique qui simplifie la prise de rendez-vous pour les patients tout en optimisant la gestion du planning des professionnels de santé. Service gratuit pour les patients, financé par les professionnels qui y trouvent un gain de temps considérable.

Né en 1987 d'une mère institutrice et d'un père informaticien, Stanislas Niox-Chateau grandit dans une famille d'enseignants à Boulogne-Billancourt. Ancien sportif de haut niveau en tennis, il est aussi bègue, ce qui lui donne une revanche à prendre sur la vie. Diplômé de HEC Paris en 2010, il développe rapidement un esprit entrepreneurial. Le déclic se produit quand il constate les difficultés énormes que rencontrent à la fois les médecins pour gérer leur planning et les patients pour obtenir des rendez-vous. Cette inefficacité généralisée dans un secteur aussi crucial que la santé le révolte. Il se convainc qu'une solution numérique simple peut révolutionner ce système archaïque. Doctolib est lancé en 2013, il a alors 26 ans.

Doctolib revendique aujourd'hui 1 million d'utilisateurs professionnels et 90 millions de patients en Europe. La plateforme a révolutionné l'accès aux soins, démocratisé les rendez-vous médicaux, réduit les inégalités d'accès et digitalisé un secteur traditionnel. Pendant la Covid-19, Doctolib s'est imposé comme acteur central de la stratégie vaccinale française.

4 TOO GOOD TO GO
LUCIE BASCH (2016)

LUTTER CONTRE LE GASPILLAGE ALIMENTAIRE

L'IDÉE Créer une application mobile qui connecte les commerçants ayant des invendus alimentaires avec des consommateurs souhaitant les récupérer à prix réduit. Les « paniers surprise » permettent de sauver des repas tout en offrant une solution économique.

Le déclic survient lors d'un voyage au Danemark. Lucie Basch, diplômée de

HEC, découvre avec stupéfaction l'ampleur du gaspillage alimentaire mondial : un tiers de la nourriture produite finit à la poubelle alors que près d'un milliard de personnes souffrent de la faim. Cette contradiction révoltante la pousse à rejoindre l'aventure Too Good To Go, née au Danemark. Elle se donne pour mission d'adapter et développer ce concept révolutionnaire sur le marché français. Le défi : convaincre à la fois commerçants et consommateurs d'adopter cette nouvelle pratique anti-gaspillage. Too Good To Go arrive en France en 2016 sous son impulsion.

Too Good To Go a sauvé à ce jour plus de 200 millions de repas dans le monde avec 75 millions d'utilisateurs. L'application a changé notre rapport au gaspillage alimentaire, sensibilisant une génération entière et popularisant l'antigaspi.

5 LEBONCOIN
OLIVIER AIZAC (2006)

DÉMOCRATISER LES PETITES ANNONCES DE PROXIMITÉ

L'IDÉE Créer une plateforme de petites annonces gratuite, simple et accessible, misant sur la proximité géographique plutôt que sur les enchères. Le postulat : la bonne affaire est au coin de la rue, pas forcément au bout du monde, sans enchères et gratuitement.

Après ses études à l'ESSEC, Olivier Aizac débute sa carrière en Chine comme coopérant militaire avant de rejoindre l'incubateur Internet de Havas. C'est là qu'il découvre le potentiel immense des plateformes d'annonces en ligne. Inspiré par le succès du site suédois Blocket.se, il a une intuition forte : adapter ce concept au marché français mais avec une approche radicalement différente. Contrairement aux modèles existants basés sur les enchères comme eBay, il parie sur la gratuité totale et la proximité géographique. Leboncoin est lancé en 2006 avec seulement deux salariés.

Leboncoin est devenu le réflexe français pour la seconde main. La plateforme a démocratisé l'économie circulaire en France, créé un nouveau rapport à la consommation et généré des milliers d'emplois indirects, devenant un véritable phénomène de société. Aujourd'hui, Olivier Aizac habite et travaille au Brésil, toujours dans la seconde main sur Internet.

6 RESPIRE
JUSTINE HUTTEAU (2019)

RÉVOLUTIONNER LES COSMÉTIQUES NATURELS

L'IDÉE Créer une marque de cosmétiques naturels, transparents et efficaces, fabriqués en France. Face aux géants de la cosmétique traditionnelle, Respire mise sur l'authenticité et la proximité avec sa communauté.

Née en 1994 à Sucy-en-Brie, Justine Hutteau grandit dans une famille d'entrepreneurs. Passionnée de sport, elle a déjà participé à deux marathons et à une course de 120 kilomètres dans le désert. Cette sportive accomplie veille avec soin aux produits qu'elle applique sur sa peau. Un événement marque un tournant dans sa vie : l'apparition d'une tumeur dans sa poitrine. Cette épreuve la pousse à inspecter avec beaucoup de vigilance toutes les substances qu'elle utilise. En quête d'un déodorant sans agents chimiques, elle réalise qu'il n'en existe pas sur le marché. Elle décide alors de le concevoir. Et à 23 ans, elle lance le projet avec Thomas Méheut. Respire voit officiellement le jour en mai 2019.

Aujourd'hui, Respire s'est imposée comme référence du « *clean beauty* » français, prouvant qu'il était possible de concilier naturalité, efficacité et accessibilité. La marque a démocratisé les cosmétiques naturels, prôné la transparence totale et relocalisé la production cosmétique en France.

© Respire

MADE IN FRANCE
Pour se démarquer des grands noms de la cosmétique traditionnelle, Respire privilégie l'authenticité et bâtit une relation proche avec sa communauté.

PROXIMITÉ
Leboncoin est devenu, en vingt ans, le réflexe partagé par des millions de Français pour dénicher la bonne affaire en seconde main.

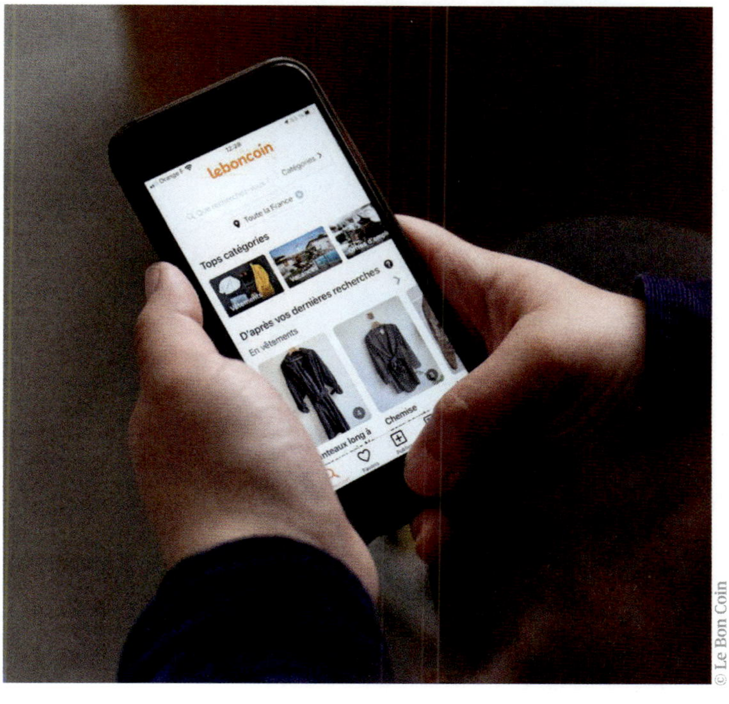

© Le Bon Coin

AVENTURE
En partageant son « Vendée Globe » au plus grand nombre, Violette Dorange est devenue en quelques mois une icône de la voile.

© Thomas Deregnieaux

ELLES *NOUS* INSPIRENT

SUR MER, SUR TERRE COMME DANS LA VIE... CES QUATRE FEMMES, AUX PARCOURS EXCEPTIONNELS, ONT SU, CHACUNE À LEUR MANIÈRE, RENCONTRER LEUR DESTIN, ET TRACER DE NOUVELLES VOIES VERS DE NOUVEAUX HORIZONS...

Navigatrice, entrepreneuse, investisseuse, philosophe... Elles sont quatre, quatre femmes au parcours singulier, unies à travers les générations par une même force : avoir su tracer leur route. Leur trajectoire, bien que différente, porte le même message : celui de la possibilité – cela vaut aussi pour les hommes –, de suivre sa propre voie, de briser les codes établis et de devenir, à son tour, un modèle pour les autres. Portraits de quatre figures emblématiques qui redéfinissent les contours du leadership au féminin et nous rappellent que l'audace n'a pas d'âge !

RÉALISÉ PAR
ÉTIENNE THIERRY-AYMÉ

© T.D.

NAVIGATRICE

VIOLETTE DORANGE

« Je suis allée au bout de mon rêve ! », déclarait la navigatrice Violette Dorange, quelques heures à peine après avoir franchi la ligne du 10e Vendée Globe, le 9 février 2025, arrivée en 25e position, après 90 jours de course – *versus* 64 jours pour Charlie Dalin, le vainqueur du tour du monde en solitaire. Née en 2001 à La Rochelle, Violette débute la voile à 6 ans. Son talent extraordinaire la propulse rapidement vers la compétition : à 17 ans, elle est la plus jeune skippeuse à participer à la Solitaire du Figaro, avant d'intégrer, en 2021, la classe Mini, puis en 2024, à 23 ans, être la plus jeune navigatrice à s'engager dans le Vendée Globe. « *Mon objectif premier était de terminer et de vivre une aventure exceptionnelle. C'est ce que j'ai fait* », résume-t-elle. Mais elle voulait aussi montrer « *qu'on est capable de réaliser de belles choses, même en étant jeune* ».

Une aventure qu'elle a su partager au plus grand nombre via notamment ses réseaux sociaux, devenant en seulement quelques mois une des icônes de son sport. Son authenticité, sa combativité et son parcours inspirant ont rapidement touché un très large public, en particulier chez les jeunes. « *Voir autant d'enfants suivre le Vendée Globe m'a énormément touchée,* explique-t-elle au passage. *Tout cet engouement m'a portée tout au long de la course. Dans les moments difficiles, je me disais qu'il y avait trop de monde derrière moi pour que j'abandonne. Ça m'a beaucoup aidée.* » Son bateau... elle l'a baptisé *Devenir* : « *Ce n'est pas un hasard. Je veux transmettre des valeurs,* insiste-t-elle *: croire en soi, se dépasser, oser se lancer dans l'aventure, même si ce n'est pas facile.* » Un message également porté par la Fondation des Apprentis d'Auteuil, qui aide les jeunes en difficulté, et dont Violette Dorange est la marraine depuis 2020. Un message qui ne concerne d'ailleurs pas que les jeunes, plaide-t-elle : « *Il s'adresse aussi aux aînés pour qu'ils fassent confiance à la jeunesse.* »

© LP/DG.

PHILOSOPHE ET FÉMINISTE

ÉLISABETH BADINTER

« *Merci Voltaire !* », scande Élisabeth Badinter dans le Doc de la Grande Librairie sur France 5, consacré à l'auteur de *Candide*. Aux sources de son engagement philosophique en effet, le XVIIIe siècle, celui des Lumières. Autre inspiration... Simone de Beauvoir. Élisabeth Badinter se qualifiant même de « *fille de Simone de Beauvoir* ». Philosophe, historienne des idées, féministe universaliste, Élisabeth Badinter s'impose, depuis au moins quatre décennies, comme l'une des voix les plus singulières et influentes du débat public. Comme Voltaire, la philosophe refuse tout dogmatisme, et n'hésite pas à critiquer certaines dérives du féminisme actuel, lorsqu'elles menacent l'égalité ou l'universalisme. Sa défense de la laïcité lui vaut parfois des remarques acides des jeunes générations. Mais, même si on ne partage pas tous ses combats, elle demeure une référence, un modèle de liberté et d'engagement citoyen... Et, pour tous celles et tous ceux qui veulent continuer à penser par eux-mêmes, elle reste une boussole précieuse. Son influence dépasse largement les frontières. Ses ouvrages ayant été traduits dans une trentaine de langues.

ESSAYISTE
Spécialiste du siècle des Lumières, Élisabeth Badinter s'impose dans le débat public comme une figure emblématique de la liberté de pensée et de l'engagement citoyen.

© Helene Bamberger/Opale.photo

© Thomas Deregnieaux

INITIATIVES-CŒUR
En 2025, Violette Dorange est associée en tant que coskipper de Samantha Davies sur le voilier *Initiatives-Cœur*. Un projet fidèle à ses valeurs qui soutient l'association Mécénat Chirurgie Cardiaque.

© Dorian Prost

« 2050 »
Pour de nombreux jeunes, Marie Ekeland incarne le visage d'un capitalisme renouvelé qui concilie performance économique et intérêt collectif.

© D.R.

STATION F
La multi-entrepreneure, Charlotte de Vilmorin est aujourd'hui considérée parmi les femmes fondatrices les plus prometteuses par le célèbre incubateur.

© D.R.

INVESTISSEUSE ENGAGÉE

MARIE EKELAND

« M*ettre la finance au service de la construction d'un futur fertile* », telle est l'ambition que s'est fixée Marie Ekeland, avec la création, en 2020, de « 2050 », un fonds d'investissement « à impact ». Un projet ambitieux qui incarne une conviction profonde : oui, il est possible de réconcilier performance économique et impact positif sur la société et l'environnement. Pour ce faire, Marie Ekeland finance aujourd'hui des entreprises dont le modèle économique est lié à la résolution des grands défis de notre époque : transition énergétique, économie circulaire, alimentation durable, santé préventive ou éducation inclusive...

Son parcours, entre finance et technologie, lui confère d'ailleurs une perspective unique, et fait d'elle une pionnière dans la sphère de l'investissement à impact positif. Pour toute une génération, elle incarne aujourd'hui le modèle d'un nouveau capitalisme qui réconcilie prospérité économique et bien commun. Par son exemple, elle inspire de nombreuses femmes à s'engager dans les métiers de la tech et de l'investissement, et contribue à diversifier le recrutement d'un secteur encore très homogène. Et, si on lui demande, quels sont les trois mots qui la définissent le mieux ? La réponse fuse, et coule de source, évidente, et se décline en trois mots clés : « Curiosité, Énergie, Action ». Un programme autant qu'une devise.

© D.R.

ENTREPRENEURE RESPONSABLE

CHARLOTTE DE VILMORIN

« Entrepreneure pour une mobilité plus jamais réduite », voici la carte de visite que s'est choisie Charlotte de Vilmorin pour se présenter sur LinkedIn, un réseau professionnel où la jeune femme est aujourd'hui très active. Atteinte d'une maladie neuromusculaire rare, Charlotte transforme les défis de la vie en innovations sociétales, plaidant pour une conception universelle des produits et services. « *L'accessibilité doit devenir une norme dès la conception. Non plus une option coûteuse* », insiste-t-elle. En 2015, elle crée Wheeliz, première plateforme collaborative de location de véhicules adaptés aux personnes en fauteuil roulant, et y applique les principes de l'économie du partage à la mobilité des personnes handicapées – à l'image du modèle de BlaBlaCar. Une start-up soutenue par la MAIF, récompensée plusieurs fois, et reprise depuis par APF France Handicap...

En décembre 2023, Charlotte s'embarque dans un nouveau projet, elle cofonde Newav pour « New Electric Wheelchair Accessible Vehicle », afin de rendre le véhicule électrique accessible aux personnes en fauteuil roulant. Une gageure pour l'instant. Car les véhicules actuels n'ont pas été pensés pour cela, les batteries se situant dans le châssis arrière. Là où précisément, il faut abaisser le plancher. Autre activité de Newav : l'accessibilité financière. Pour cela, Charlotte s'associe à des acteurs du financement et de la distribution de véhicules aménagés pour créer Abiliz, une offre de leasing dédiée aux porteurs de handicap. « *Le leasing, tel qu'il est pratiqué jusqu'à maintenant, exclut les personnes confrontées au handicap* », confie-t-elle. Une jeune pousse, et une jeune femme qui ont tapé dans l'œil de la Station F, puisqu'elle y est aujourd'hui incubée, parmi les femmes fondatrices les plus prometteuses... Par son parcours, son charisme, son engagement, Charlotte inspire aujourd'hui de nombreuses jeunes femmes, en situation de handicap... ou pas d'ailleurs.

LEROY MERLIN
ENTREPRISE INSPI*RANTE*

LE DISTRIBUTEUR S'EST IMPOSÉ COMME UNE RÉFÉRENCE, ATTIRANT TOUJOURS PLUS DE CLIENTS ET DE COLLABORATEURS, INSPIRÉS PAR L'ESPRIT DE L'ENSEIGNE.

RÉALISÉ PAR
ÉTIENNE THIERRY-AYMÉ

© Leroy Merlin

Leader incontesté du marché de l'amélioration de l'habitat et du cadre de vie, Leroy Merlin cultive également une particularité moins visible, mais tout aussi remarquable : sa capacité à maintenir un attachement profond de ses 28 000 collaborateurs. Une démarche et un engagement concrets comme en témoignent d'excellents indicateurs RH : notamment un turnover inférieur à 13 %, bien en deçà de la moyenne du marché français pour les distributeurs – environ 20 %. Ce chiffre témoigne de *« la culture forte de l'entreprise ainsi que de l'attachement important des collaborateurs »*, souligne Olivier Vasseur, le DRH du groupe. Comment l'enseigne parvient-elle à engager durablement ses équipes et à attirer de nouveaux talents ?

La réponse tient avant tout dans sa *« culture d'entreprise »*, explique Olivier Vasseur. Une culture qui s'incarne au sein d'une démarche unique de l'entreprise rêvée à 10 ans, baptisée « Vision », lancée conjointement par la direction et la DRH en 1995, au retour d'un voyage « d'ouverture » aux États-Unis. À l'époque, l'entreprise comptait 8 000 collaborateurs. Une « philosophie singulière », qui se décline toujours, trente ans après, autour de quatre grands piliers qui façonnent l'engagement de chaque employé.

Premier de ces piliers : « Le Vouloir ». *« Chaque collaborateur est invité à prendre part à l'ambition de l'entreprise »*, souligne Olivier Vasseur. La conviction de Leroy Merlin est que *« la force de la stratégie réside dans la somme des intelligences collectives »*. Cette implication de tous, dès la genèse de chaque projet, crée *« un fort sentiment d'appartenance et de responsabilité partagée autour de*

CULTURE D'ENTREPRISE
Vouloir, Savoir, Pouvoir, Avoir... sont les quatre grands piliers qui façonnent l'engagement des 8000 collaborateurs de Leroy Merlin.

l'avenir de l'entreprise ». « Le Savoir » forme le deuxième pilier. Les collaborateurs bénéficient chaque année, en moyenne, de 25 heures de formation « *couvrant compétences techniques, comportementales et développement personnel* », détaille le DRH. Un partage de la connaissance qui passe aussi par la transparence économique. Des réunions régulières et rituelles informent les collaborateurs de la situation financière de l'entreprise. « Le Pouvoir », troisième pilier, incarne, lui, l'autonomie et l'esprit entrepreneurial. L'entreprise confère « *un périmètre de responsabilité et une autonomie de décision importante à tous ses collaborateurs* ». « *On fait confiance, a priori* », résume Olivier Vasseur. Cette liberté d'action, très appréciée en interne, attire également les candidats. « *Ils nous le disent en entretien* », confie-t-il. « L'Avoir », quatrième et dernier pilier, symbolise, lui, « *le partage de la valeur créée* ». Cette valeur se concrétise notamment via l'intéressement trimestriel, la participation aux bénéfices ou l'actionnariat salarié. Plus de 95 % des collaborateurs sont actionnaires et détiennent 14 % d'ADEO, la maison mère du groupe. Laboratoire grandeur nature de cette culture d'entreprise, la démarche « Vision » constitue « *un véritable pari sur l'intelligence collective* », souligne Olivier Vasseur. Entrée en 2025 dans son quatrième cycle, elle implique l'ensemble des collaborateurs – conseillers de vente, hôtes et hôtesses de caisse, logisticiens – afin qu'ils réfléchissent « *tous ensemble* » à l'avenir de l'entreprise sur un horizon de dix ans.

Chaque cycle « Vision » dure ainsi, entre dix-huit et vingt-quatre mois, avant sa mise en œuvre, et se déroule en plusieurs phases. La première est « *le chemin apprenant* », il dure environ six à huit mois. Il s'agit d'une phase préparatoire « *d'ouverture au monde* », de compréhension – à l'image du premier voyage ayant initié la démarche –, et de reconnexion aux « *fondamentaux et valeurs de l'entreprise* ».

Vient ensuite « la phase d'idéation » – prévue début 2026 pour le cycle actuel –, au cours de laquelle l'ensemble des collaborateurs sont réunis et mélangés, ce « *quels que soient leur poste et leur niveau* », afin de dessiner le futur. Les tendances fortes qui émergeront deviendront alors « la » vision stratégique de l'entreprise d'ici à 2035. Avec déjà des résultats concrets initiés depuis 1995 : de nouveaux concepts de magasins, le service de retrait en drive ou encore les horaires participatifs permettant d'adapter plan de charge et planning des salariés.

« Vision » se décline aussi bien au-delà des enjeux structurants de l'enseigne, au niveau local, dans les magasins. Chaque manager est ainsi encouragé à « *faire appel à son équipe* » pour résoudre les problèmes opérationnels rencontrés. Car « *les gens qui font le job sont les gens qui savent* », rappelle Olivier Vasseur, faisant sienne l'une des antiennes du groupe.

Une approche ayant aussi permis d'anticiper des enjeux sociétaux majeurs. En 2015, lors de la phase d'idéation, les collaborateurs ont ainsi exprimé la volonté d'une entreprise « *plus positive* », d'un point de vue social et sociétal, menant à l'intégration du développement durable et à la création d'une nouvelle direction RSE.

La démarche rayonne même à l'extérieur. Preuve que, au-delà de son propre développement, Leroy Merlin a su créer un modèle de management et d'engagement universellement inspirant. « Vision » suscite aujourd'hui l'intérêt d'autres grands groupes. « *De nombreux DRH me sollicitent aujourd'hui pour leur présenter notre démarche* », rapporte Olivier Vasseur.

AILLEURS AUSSI C'EST INSPIRANT

MOBILITÉ, CITOYENNETÉ, CONSOMMATION, SANTÉ, BTP OU ENCORE GESTION DES DÉCHETS… ET SI LES SOLUTIONS VENAIENT D'AILLEURS ? VOICI UN FLORILÈGE DE BONNES IDÉES REPÉRÉES À L'ÉTRANGER, ET DONT LA FRANCE POURRAIT S'INSPIRER…

RÉALISÉ PAR
ÉTIENNE THIERRY-AYMÉ

IDÉE N°1

LE REÇU CITOYEN APRÈS VOTE – ESTONIE

L'Estonie, pionnière du vote électronique depuis 2005, a mis en place un système de vérification pour les électeurs. Après avoir voté en ligne avec leur carte d'identité électronique, les citoyens reçoivent un reçu contenant un code de vérification crypté. Ce code leur permet de s'assurer sur un portail indépendant que leur vote a été enregistré et comptabilisé, tout en préservant l'anonymat. Le système utilise un double chiffrement qui sépare l'identité de l'électeur de son choix politique. Plus de 620 000 Estoniens, soit 52 % de l'électorat, utilisent ce système pour toutes les élections. Les sondages indiquent un taux de confiance de 96 % dans le processus électronique. Le coût par vote électronique est de 1,8 € contre 7,5 € pour le vote papier, générant 3 millions d'euros d'économies par élection nationale. Cette innovation inspire 35 pays qui étudient son implémentation. L'Estonie a formé plus de 500 experts internationaux pour accompagner cette transition démocratique.

IDÉE N°2

DES DISTRIBUTEURS DE SAVON INTELLIGENTS DANS LES ÉCOLES – JAPON

Des écoles japonaises testent des distributeurs de savon, équipés de capteurs qui analysent la qualité du lavage des mains des élèves. Ces appareils, développés par des entreprises tech en collaboration avec des pédiatres, utilisent des capteurs de mouvement, de température et de durée pour évaluer l'efficacité du nettoyage. Un système de LED indique aux enfants si leur lavage est suffisant : rouge pour insuffisant, orange pour encourager à continuer, vert pour valider. L'appareil diffuse également des mes-

ADAPTER SON CONCEPT
Il est crucial de savoir adapter son concept à la culture et au pouvoir d'achat du pays d'importation.

© wirestock

sages vocaux et des mélodies pour maintenir l'attention des élèves pendant les vingt secondes recommandées. Les distributeurs collectent des données anonymes sur les habitudes d'hygiène, permettant aux établissements d'identifier les créneaux critiques et d'adapter leurs campagnes de prévention. Déployés dans 800 écoles primaires, ils ont contribué à réduire de 35 % les infections gastro-intestinales et respiratoires. Le coût de 300 € par distributeur est compensé par la baisse de l'absentéisme, estimée à 2000 € d'économies annuelles par classe. La technologie commence à être exportée vers la Corée du Sud et Singapour.

IDÉE N3

DES AUTO-ÉCOLES MUNICIPALES GRATUITES – ESPAGNE

Madrid, Barcelone et 28 autres villes espagnoles proposent des formations au permis de conduire entièrement gratuites pour les jeunes de 18 à 30 ans, issus de familles modestes (quotient familial inférieur à 22 000 €). Le programme couvre 30 heures de cours théoriques, 25 heures de conduite pratique, les frais d'examen et les démarches administratives. Chaque promotion accueille au maximum 15 candidats pour garantir un suivi personnalisé. Le taux de réussite atteint 89 % au premier passage, contre 76 % en moyenne nationale. Depuis 2019, 18 000 jeunes ont obtenu leur permis via ce dispositif, économisant chacun entre 1400 et 1800 €.

S'INSPIRER D'AILLEURS

GAËLLE PANTIN SOHIER

© D.R.

Professeur des Universités, IAE Angers, spécialiste de la consommation.

Étienne Thierry-Aymé : *Que gagne-t-on à s'inspirer de concepts venus de l'étranger ?*

Gaëlle Pantin Sohier : Les consommateurs cherchent à éviter la routine. L'ouverture au monde (via les voyages ou les réseaux sociaux...) permet de découvrir des concepts venus d'ailleurs. Les mangas ont ainsi initié une grande vague d'inspiration asiatique, avec la Corée ces dernières années. Cela a propulsé des succès majeurs, culturels, comme la K-pop, des produits tels que le Bubble tea, et aussi l'enseigne chinoise Mixue qui concurrence aujourd'hui McDonald's en Europe. Avant, il y a eu la vague latino, et avant cela, l'influence de la culture nord-américaine, et notamment les comédies musicales.

E. T.-A. : *L'importation est-elle toujours une réussite ?*

G. P. S. : Non. Et les différences culturelles sont cruciales. Starbucks a peiné par exemple à s'implanter en France, car ses prix étaient estimés trop élevés et ses boissons trop sucrées, alors que l'enseigne a tout de suite cartonné en Asie. Toujours venue des États-Unis, Dunkin' Donuts fait face aujourd'hui à notre riche offre de pâtisseries. Et, avant de savoir s'adapter, Eurodisney a d'abord fait un flop, car les Français n'avaient pas les mêmes habitudes de consommation que les Américains – séjours plus courts, faible achat de produits dérivés, etc. Enfin, l'enseigne GAP a fermé en France, car jugée trop chère et trop basique pour notre marché de la mode.

E. T.-A. : *Quels sont les conseils clés pour importer un concept ?*

G. P. S. : Quel que soit le secteur, il est crucial d'intégrer les spécificités culturelles du pays d'accueil. Des enseignes globales comme McDonald's adaptent leurs produits – McRaclette en France, Chicken Maharaja Mac en Inde. Chez Coca-Cola, les taux de gazéification varient selon les pays. Il faut aussi adapter les tarifs au pouvoir d'achat du public local, et prendre en compte ses préoccupations, comme l'importance de la santé et l'alimentation, très différente par exemple entre la France et les États-Unis.

Les études montrent que 82 % des bénéficiaires trouvent un emploi dans les huit mois, le permis étant requis pour 65 % des offres d'emploi en Espagne. L'investissement municipal de 12 millions d'euros par an génère un retour estimé à 45 millions d'euros grâce à l'insertion professionnelle. Le dispositif s'étend progressivement à d'autres régions espagnoles.

IDÉE N°4

DES BRIQUES EN PLASTIQUE RECYCLÉ – GHANA, COLOMBIE

Le Ghana et la Colombie transforment leurs déchets plastiques en matériaux de construction. Les deux pays génèrent respectivement 300 000 et 500 000 tonnes de déchets plastiques par an. Des entreprises locales ont mis au point des procédés pour recycler bouteilles, sacs et emballages en briques de construction. Le processus consiste à trier, broyer, nettoyer et chauffer le plastique à 200°C avant moulage sous pression. Les briques obtenues sont 25 % plus légères que les parpaings traditionnels mais 40 % plus résistantes, supportant jusqu'à 350 kg par cm². Elles offrent une isolation thermique supérieure de 60 %, réduisant les besoins en climatisation. Au Ghana, l'entreprise Nelplast traite 12 000 tonnes de déchets annuellement pour produire 2,5 millions de briques. En Colombie, ces matériaux équipent des programmes de logement social avec 35 % d'économies sur les coûts de construction. La filière emploie 4 000 personnes dans les deux pays et génère un chiffre d'affaires de 50 millions d'euros. Une tonne de déchets produit 2 000 briques, suffisantes pour 10 m² de mur.

PLASTIQUES RECYCLÉS
Transformer les déchets plastiques en briques pour la construction, voici ce qu'on trouve déjà dans certains pays comme au Ghana ou en Colombie.
© D.R.

IDÉE N°5

DES PALETTES EN COQUE DE NOIX DE COCO – PAYS-BAS

L'entreprise néerlandaise CocoPallet, basée à Rotterdam, fabrique des palettes de transport à partir de coques de noix de coco. Ces coques représentent 85 % du poids du fruit et finissent habituellement brûlées ou enfouies dans les pays tropicaux. L'entreprise a développé un procédé combinant ces fibres avec des résines biosourcées pour créer des palettes résistantes. Elles supportent jusqu'à 2 000 kg, soit 300 kg de plus que les palettes en bois, tout en étant 20 % plus légères. Leur résistance naturelle à l'humidité et aux parasites les rend adaptées au transport maritime. Contrairement au bois, elles ne nécessitent pas de traitement phytosanitaire, simplifiant les procédures douanières. La production annuelle de 150 000 palettes valorise 4 500 tonnes de coques importées du Sri Lanka et des Philippines. L'empreinte carbone est réduite de 70 % par rapport au bois et de 85 % par rapport au plastique. Cette innovation s'inscrit dans la stratégie d'économie circulaire des Pays-Bas.

IDÉE N°6

LE DROIT À LA RÉPARATION – SUÈDE, AUTRICHE

La Suède et l'Autriche ont adopté une législation contraignante sur le « droit à la réparation » qui oblige les fabricants d'électroménager et d'électronique à garantir la réparabilité de leurs produits. Les entreprises doivent fournir les pièces détachées essentielles pendant au moins dix ans après la commercialisation, accompagnées de manuels techniques accessibles au public. La Suède applique en parallèle une TVA réduite à 12 % sur les réparations, contre 25 % sur les produits neufs. Cette politique fiscale a entraîné une hausse de 50% des activités de réparation depuis 2020. L'Autriche a complété le dispositif

PISTES SOLAIRES
Tout comme les bornes de recharge, les pistes solaires Wattway, développées par Colas et le CEA-Ines, se développent aujourd'hui aux Pays-Bas.
© Oscar Timmers pour Wattway

par l'ouverture de centres de réparation municipaux dans ses principales villes, où les citoyens accèdent gratuitement à des outils professionnels et des conseils techniques. Selon les autorités, ces mesures ont réduit de 20 % la production de déchets électroniques et permis d'éviter 300 millions d'euros d'achats. Le secteur de la réparation emploie désormais 5000 personnes supplémentaires dans les deux pays. Chaque appareil réparé évite en moyenne l'émission de 150 kg de CO_2. La Commission européenne étudie actuellement l'extension de cette réglementation à l'ensemble du continent.

IDÉE N°7

DES PEINTURES RÉFLÉCHISSANTES CONTRE LA CHALEUR – ÉTATS-UNIS, INDE

Les États-Unis et l'Inde développent des peintures capables de réfléchir jusqu'à 98 % du rayonnement solaire pour lutter contre les vagues de chaleur urbaines. Ces revêtements contiennent des nanoparticules de sulfate de baryum et d'oxyde de titane qui créent un effet réfléchissant sans modifier l'apparence des bâtiments. Appliquées sur les toitures, elles réduisent la température intérieure de 10 à 15 °C par rapport aux peintures classiques. Des tests menés sur 100 bâtiments à Phoenix ont montré une baisse de 60 % de la consommation de climatisation pendant les pics de chaleur. En Inde, où les températures urbaines dépassent 47 °C, ces peintures permettent aux ménages de réduire leur facture électrique de 40 %. Le coût d'application oscille entre 20 et 35 € par mètre carré, avec un retour sur investissement en moins de dix-huit mois. Les surfaces traitées contribuent aussi à réduire la température des quartiers de 3 à 5 °C, atténuant l'effet d'îlot de chaleur en ville. La production de masse prévue pour 2025 devrait faire baisser les coûts de 50 %.

IDÉE N8

DES BORNES DE RECHARGE SOLAIRES POUR VÉLOS ET TROTTINETTES – PAYS-BAS

Les Pays-Bas déploient un réseau de bornes de recharge solaire pour vélos et trottinettes électriques le long de leurs 35 000 km de pistes cyclables. Ces stations de 2,5 m intègrent des panneaux photovoltaïques de 3 m² qui génèrent 4 kWh quotidiens, suffisant pour 25 vélos même par temps nuageux grâce aux batteries de stockage de 12 kWh. Installées tous les cinq kilomètres, elles proposent huit types de connecteurs compatibles avec 97 % des modèles du marché. Le tarif est de 0,75 € pour une recharge complète de trois heures. Amsterdam et Rotterdam testent des pistes cyclables à induction qui rechargent les vélos en roulant, technologie développée avec l'université de Delft. Ces bornes offrent aussi gonflage gratuit, kit de réparation, éclairage nocturne et Wi-Fi public. L'objectif national vise 8 000 bornes d'ici à 2027 pour 180 millions d'euros d'investissement. Cette infrastructure accompagne l'essor du vélo électrique, qui représente 45 % des ventes de cycles aux Pays-Bas et contribue à réduire de 32 % les émissions des déplacements urbains de moins de 15 km.

L'ENTRETIEN

BERTRAND PICCARD

EXPLORATEUR, PRÉSIDENT DE LA FONDATION SOLAR IMPULSE

Bertrand Piccard est devenu explorateur dans la droite lignée de son grand-père, Auguste, physicien, qui inspira Hergé pour le personnage du professeur Tournesol dans les aventures de Tintin, et de son père Jacques, océanographe, qui descendit en bathyscaphe au fond de la fosse des Mariannes. Médecin psychiatre, il partage avec ses père et grand-père, écologistes avant l'heure, le souci de protéger l'environnement. Avec ses projets de tour du monde en ballon (*Breitling Orbiter 3*), en avion solaire (*Solar Impulse*) et bientôt en avion à hydrogène (*Climate Impulse*), il s'évertue à montrer que les technologies propres apportent des solutions efficaces aux défis environnementaux.

PHOTOS
MARTIN BRUNO
PROPOS RECUEILLIS PAR
SOPHY CAULIER

« EXPLORATEUR VISIONNAIRE ISSU

D'UNE LIGNÉE D'ÉCOLOGISTES ENGAGÉS »

Sophy Caulier : *Après un tour du monde en ballon puis en avion solaire avec Solar Impulse, vous préparez un tour du monde sans escale en avion à hydrogène, le projet Climate Impulse. Que représentent ces exploits pour l'explorateur mais aussi pour le psychiatre que vous êtes ?*
Bertrand Piccard : La volonté de dépasser le statu quo, les automatismes de la routine, les certitudes dans lesquelles on se rassure, les dogmes qui vous étouffent... Quand on fait quelque chose qui n'a jamais été fait, il faut tout inventer et c'est passionnant. Personne ne peut vous dire comment faire. Vous ne savez même pas si c'est possible ou non ! Cela suppose de travailler avec des gens remarquables, qui ont l'esprit pionnier, le sens de l'exploration, qui cherchent des réponses aux questions et des solutions aux problèmes...

CRÉER DES SYNERGIES
La clé du succès pour Bertrand Piccard repose sur des compétences complémentaires : lui gère le projet, Raphaël Dinelli construit l'avion à hydrogène.
© Martin Bruno

S. C. : *À ce propos, comment rencontrez-vous vos compagnons de voyage ? Vous ne devez pas être un « facile », ils ne doivent pas l'être non plus... Partir neuf jours dans une aventure comme Climate Impulse... Comment vous êtes-vous rencontrés, Raphaël Dinelli et vous ?*
B. P. : J'ai besoin de travailler avec des gens honnêtes, francs, qui ont une vision d'équipe et surtout qui sont compétents dans un domaine différent du mien ! Il faut que cela soit des gens différents de moi, sinon ça ne sert à rien d'être plusieurs ! Il faut être complémentaires, créer des synergies. Après Solar Impulse, j'avais envie de voler autour du monde avec un avion à hydrogène, mais je n'avais pas du tout envie de me remettre dans les affres de la construction d'un nouvel avion. Raphaël avait très envie de faire un tour du monde avec un avion à hydrogène, mais il ne se voyait pas du tout monter le projet, trouver des sponsors, faire toute la gestion de projet, etc. Quand on s'est rencontrés, ça a été très clair que lui pouvait construire l'avion, moi, monter le projet et que l'on volerait ensemble. Aujourd'hui, cela se passe tout à fait comme je l'imaginais.

S. C. : *Il y a près de dix ans, après votre vol à l'énergie solaire, vous annonciez que la Fondation Solar Impulse labelliserait 1000 solutions de décarbonation et de réduction de la consommation d'énergie. Comment la Fondation intervient-elle et quel bilan faites-vous de ces dix années ?*
B. P. : Le rôle de la Fondation est d'identifier les solutions techniques, comportementales ou politiques qui sont économiquement attrayantes pour protéger l'environnement, et d'œuvrer à leur implémentation. Cela veut dire les amener à des gouvernements, à des institutions, à des entreprises pour leur montrer qu'ils peuvent faire mieux en gaspillant moins et en polluant moins. C'est une manière de prouver dans les faits que l'on peut réconcilier l'économie et l'écologie.

S. C. : *Comment selon vous ces domaines sont-ils réconciliables ?*
B. P. : Le simple fait de poser la question montre que les gens pensent encore qu'il faut choisir entre l'un et l'autre. Nous devons donc œuvrer encore beaucoup plus pour que les gens comprennent qu'il est

possible de réconcilier l'écologie et l'économie. Nous le faisons en montrant que ce qui coûte cher aujourd'hui, c'est l'économie linéaire et quantitative, c'est-à-dire produire de plus en plus avec de plus en plus de pollution et de plus en plus de gaspillage. Cela n'est pas mauvais seulement pour l'environnement, c'est également mauvais pour l'économie, car les prix sont de plus en plus bas, les marges bénéficiaires aussi, et cela pose des problèmes sociaux, politiques, écologiques, de ressources naturelles... C'est tout cela qu'il faut changer et montrer que l'efficience permet d'augmenter la rentabilité économique. L'efficience, c'est quand vous faites plus avec moins, contrairement à la sobriété où vous faites moins avec moins. Autrement dit, la sobriété est une réduction avec un sacrifice, alors que l'efficience est une réduction avec un bénéfice !

S. C. : *Comment mettre en œuvre l'efficience ?*
B. P. : Toutes les solutions labellisées par la Fondation, elles sont plus de 1 700 aujourd'hui, permettent de gagner plus parce qu'on gaspille moins. Je remarque que la plupart de ces solutions conjuguent du bon sens à de la technique. Quand vous réabsorbez la chaleur perdue des cheminées d'usines pour redonner cette chaleur à l'usine et économiser 20 à 40 % de la facture énergétique, vous êtes dans l'efficience, vous faites plus avec moins, cela vous coûte moins cher et vous avez plus de chaleur à disposition.

S. C. : *La Fondation ne fait pas de recherche ni de financement à proprement parler. De quelle façon intervient-elle ?*
B. P. : Les travaux de recherche sont menés par les entreprises qui proposent les solutions que nous labellisons. Pour les financements, nous faisons beaucoup de mises en relation entre investisseurs et start-up. Nous conseillons deux fonds d'investissement, un de BNP Paribas et le fonds Five Arrows de Rothschild, à qui nous présentons des solutions dans lesquelles investir. Nous faisons également beaucoup de plaidoyers, c'est-à-dire de rencontres politiques, institutionnelles, aux conférences sur le climat, à la Climate Week de New York, à celle de l'Union européenne...

S. C. : *Le contexte géopolitique impacte-t-il le travail de la Fondation ?*
B. P. : Ce qui me paraît très important quand on parle du contexte géopolitique, c'est de savoir pourquoi on en arrive à un retour de balancier contre l'écologie. Voilà des dizaines d'années qu'on entend que l'écologie est chère, sacrificielle, décroissante, qu'elle menace le monde économique, industriel et financier. Tous ceux qui se sont sentis menacés dans leurs activités depuis des années sont unis pour attaquer l'écologie. Et ça marche ! On revient en arrière sur les zones à faibles émissions (ZFE), sur les énergies renouvelables, sur les lois de protection de l'environnement. On est en train de payer le prix d'un narratif négatif de l'écologie. Ce narratif rébarbatif, sacrificiel et décroissant a repoussé énormément de gens.

« Il est possible d'avoir une écologie économiquement rentable et une industrie propre et efficiente. »

Aujourd'hui plus que jamais, la Fondation Solar Impulse doit faire passer le message qu'il est possible d'avoir une écologie économiquement rentable et une industrie propre et efficiente. C'est dans l'intérêt du monde économique et financier de développer l'efficience, l'économie circulaire, et d'assurer un avenir écologique qui soit attrayant. Nous ne sommes pas là pour prendre position contre les uns ou les autres, nous sommes là pour montrer que les deux philosophies, écologique et économique, sont compatibles.

S. C. : *L'efficience est-elle accessible à tout le monde ?*
B. P. : Le principal obstacle à l'efficience est que, même si l'on économise beaucoup d'argent sur la durée de vie de la solution, il faut faire un investissement initial. Or tout le monde ne peut pas faire cet investissement. C'est pourquoi nous développons avec la Banque européenne d'investissement (BEI) une plateforme financière qui se charge de l'investissement initial et qui se rembourse sur les économies réalisées pendant la

UN, DEUX, TROIS PICCARD
La bande dessinée retrace l'aventure scientifique de trois générations de la famille Piccard : Auguste, Jacques et Bertrand.
© D.R.

SOLAR IMPULSE
Maquette de l'avion solaire, le premier à avoir effectué un tour du monde sans carburant ni émission polluante pendant le vol.
© Martin Bruno

durée de vie de la solution. Il s'agira d'un fonds d'efficience, qui s'adressera d'abord aux PME. Mon but à terme est d'arriver à un fonds qui finance des pompes à chaleur, des flottes de voitures électriques ou la rénovation de bâtiments non seulement pour les PME, mais aussi pour les particuliers.

S. C. : *Où en est ce projet ?*
B. P. : Le principe a été lancé à la COP de Bakou en 2024 par la BEI, la Commission européenne et la Fondation Solar Impulse. Nous espérons démarrer le fonds à l'occasion de la COP du Brésil en novembre 2025.

S. C. : *Parlons de la transition énergétique. Au-delà des financements et du frein qu'ils représentent pour les entreprises ou les particuliers, certains secteurs sont stigmatisés comme l'aviation...*
B. P. : Les carburants durables et l'hydrogène ne sont pas encore significatifs dans l'aviation, mais en combinant l'efficience des avions et celle des opérations, on arrive déjà à un résultat significatif. Les nouveaux appareils, comme les Airbus Neo, sont plus légers, ils consomment moins, ils prennent des routes beaucoup plus directes, etc. Surtout, il faut aussi replacer les choses dans leur contexte : l'aviation émet deux fois moins de CO_2 que le gaspillage alimentaire. La stigmatisation de l'aviation devient parfois un alibi pour ne pas faire autre chose, on attaque l'aviation et pendant ce temps on supprime les ZFE... c'est absolument aberrant !

S. C. : *Au-delà de l'inspiration, les projets comme Solar Impulse ou Climate Impulse changent-ils les choses concrètement ?*
B. P. : Avec Solar Impulse, il s'agissait vraiment d'inspiration. On a bien contribué à populariser les énergies renouvelables tant auprès des institutionnels que des particuliers.

Climate Impulse est différent. Mon espoir est de rendre l'industrie de l'hydrogène désirable afin de crédibiliser d'autres projets hydrogène, de donner confiance. Le projet est extrêmement concret. C'est le banc d'essai d'une aviation à hydrogène liquide. C'est pour cela que nous avons le soutien d'entreprises industrielles. Syensqo, le *spin-off* de Solvay, nous fournit tous les matériaux composites. Airbus nous a fait toute l'étude aérodynamique. Ariane nous aide pour les réservoirs d'hydrogène. L'Office chérifien des phosphates (OCP) est très intéressé pour se diversifier dans l'hydrogène. Et Breitling, qui soutient mes projets depuis trente-deux ans... L'industrie est rarement capable de prendre le risque d'être une pionnière. Or, il faut des pionniers qui montrent que c'est possible et comment pour que l'industrie reprenne la main sur une plus grande échelle et rende les avancées accessibles à tous. L'aspect éducatif est aussi important. L'université marocaine Mohammed-VI Polytechnique est partenaire du projet pour faire passer l'état d'esprit du pionnier, de l'innovation, de la disruption au sein des étudiants.

S. C. : *Vous allez passer neuf jours avec Raphaël Dinelli dans une capsule avec deux gros réservoirs d'hydrogène sur les côtés de l'avion, comment se prépare-t-on pour un tel projet ?*
B. P. : Il faut que l'avion soit bien construit et qu'on sache bien l'utiliser, c'est fondamental. Cela suppose un entraînement de pilote conséquent, et surtout sur cet avion-là ! Raphaël Dinelli est pilote et il fait une formation de planeur en plus. Moi j'avais appris à voler sur beaucoup d'engins différents pour Solar Impulse.

Le principal défi de cet avion est de garder l'hydrogène liquide à -253° pendant neuf jours et pendant que les réservoirs vont progressivement se vider. Les réservoirs seront en matériaux composites, ce qui n'a jamais été fait pour de l'hydrogène, ils devront donc être hyper bien isolés.

S. C. : *Vous n'avez pas d'appréhension ?*
B. P. : J'ai juste assez d'appréhension pour que l'on se prépare bien. Mon grand-père et mon père disaient qu'ils n'avaient aucune appréhension, car ils avaient une confiance totale dans leur technologie. Pour moi, c'est autre chose, c'est plus le côté utilisation de la technologie qui m'importe que l'invention de la technologie.

« C'est plus le côté utilisation de la technologie qui m'importe que l'invention de la technologie. »

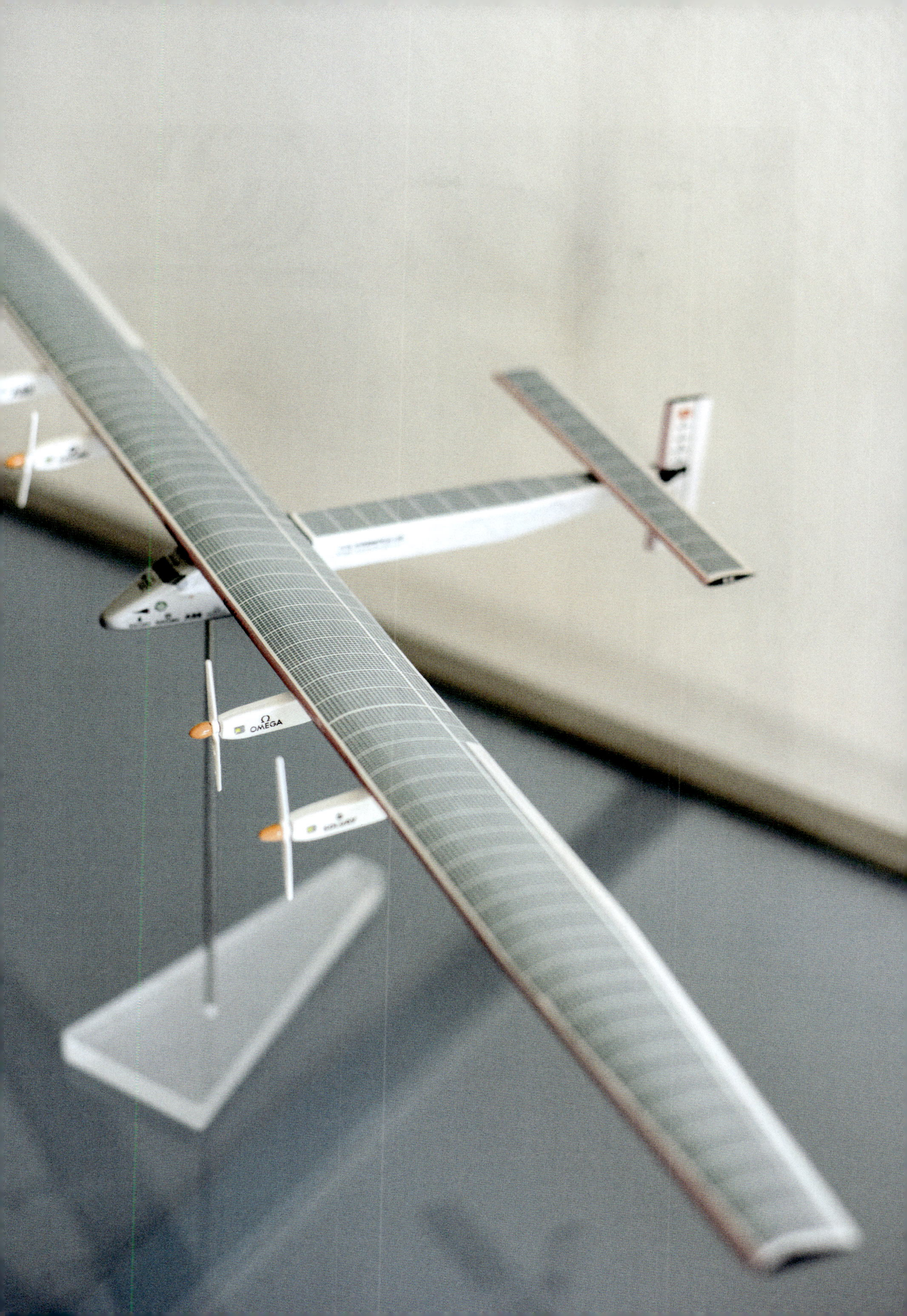
Ω
OMEGA

PORTE-DRAPEAU
Climate Impulse entend démontrer que l'avenir passe par une action climatique porteuse d'espoir, en s'appuyant sur les solutions existantes.
© Martin Bruno

S. C. : *Cela veut dire que vous avez moins confiance qu'eux dans la technologie ?*
B. P. : Probablement, oui (rires) ! Avec les projets que je fais, il ne suffit pas que la technologie fonctionne, il faut que la météo, l'équipe, les autorisations, l'administration, la bureaucratie fonctionnent.

S. C. : *Les géants du numérique construisent ou relancent des centrales nucléaires pour répondre aux besoins énergétiques des datacenters et de l'intelligence artificielle. Pensez-vous que ce soit une bonne solution ?*
B. P. : Si nous continuons à être inefficients dans la consommation d'énergie, nous serons obligés de passer par des sources additionnelles de production. Je suis de moins en moins contre le nucléaire, qui a tué moins de gens que le charbon ! On a besoin d'une énergie de base, qui pourrait être le nucléaire, et d'une énergie qui réponde aux pics de demande, comme les renouvelables, à condition de mettre en place un mode de stockage.

Le problème de la consommation énergétique des datacenters pourrait être partiellement résolu si on les construisait près des villes afin d'utiliser la chaleur qu'ils émettent pour faire de l'eau chaude ou pour chauffer une ville. La même énergie serait ainsi utilisée deux fois. La Fondation a labellisé plusieurs solutions qui vont dans ce sens-là.

S. C. : *En présentant Climate Impulse, vous avez dit : « Trop de gens pensent encore qu'il est trop tard pour agir contre le réchauffement climatique. » Il est vraiment trop tard pour éviter la catastrophe climatique ?*
B. P. : Il est peut-être trop tard pour rester à 1,5°, mais il n'est pas trop tard pour éviter une catastrophe pire que cela. Si on ne fait rien, ce sera pire, on sera à 4° ou à 5°, et ce sera invivable dans la plupart des pays du monde. Pour éviter cela, j'attends des gouvernements qu'ils rendent les solutions obligatoires, qu'ils rendent l'efficience et l'économie circulaire obligatoires... On n'y est pas, et c'est peut-être pour ça qu'on n'arrivera pas à éviter la catastrophe. On va dans le mur et ceux qui tiennent le volant continuent d'aller tout droit...

S. C. : *Certains secteurs industriels ne commencent-ils pas à bouger ?*
B. P. : Certains, oui, à condition que l'on ne leur impose pas trop de bureaucratie... Tous se plaignent du poids écrasant du *reporting*, de l'administration, etc. Voyez combien il est difficile d'obtenir un permis de construire pour des centrales solaires, éoliennes, *offshore*. Tout est compliqué, pour isoler des bâtiments, pour le *smartgrid*, pour avoir des voitures électriques. C'est beaucoup plus intéressant d'être un pionnier, mais c'est beaucoup plus facile d'être un suiveur ! Je dirais même qu'il est beaucoup plus facile de ne rien faire !

S. C. : *Pourquoi c'est intéressant d'être un pionnier ?*
B. P. : Parce que ça rend la vie passionnante ! Et ça suppose de prendre des risques, c'est pour cela que beaucoup préfèrent rester dans le statu quo de la routine.

S. C. : *Y a-t-il des indicateurs, des études, des projets qui vous pousseraient à l'optimisme ?*
B. P. : L'augmentation de l'utilisation des énergies renouvelables en Chine montre que l'on peut y arriver, même dans une immense économie mondiale. C'est un exemple intéressant dont on pourrait s'inspirer, du moins en matière d'énergies renouvelables. Climate Impulse veut justement répondre à tous ceux qui disent qu'il n'y a pas d'avenir et pas de solutions en étant le porte-drapeau d'une action climatique enthousiasmante, attrayante, qui utilise toutes les solutions d'aujourd'hui.

S. C. : *Parlons un peu de vous ! La bande dessinée* **Un, deux, trois Piccard,** *sortie en mai dernier, raconte l'histoire de votre grand-père, Auguste, de votre père, Jacques, et de vous-même, trois générations que le sous-titre qualifie de « pionniers du ciel et des abysses ». Comment est né ce projet ?*
B. P. : Quand l'éditeur, Dargaud, m'a parlé du projet, j'étais enthousiasmé. J'ai rencontré l'auteur illustrateur qui avait été choisi, Jean-Yves Duhoo, je lui ai raconté quelques anecdotes, je lui ai ouvert mes archives et conseillé des lectures. Puis il a disparu pendant presque deux ans. Il a fait des croquis, peaufiné son scénario, lu tout ce qu'il y avait à lire. J'ai attendu avec une certaine appréhension de voir ce que ça allait donner. Jean-Yves Duhoo est illustrateur scientifique à l'origine. Je me demandais comment il mettrait de l'humour et de l'émotion dans cette BD. En fait, il s'est complètement lâché. Quand j'ai vu les premiers résultats, j'étais émerveillé, j'ai trouvé ça touchant, poignant, prenant. Le livre est plein d'humour et d'émotion !

> « La Chine montre que l'on peut y arriver, même dans une immense économie mondiale. »

S. C. : *Qu'est-ce que cette BD représente pour vous ?*
B. P. : Pour moi, c'est très particulier, je vois en images des histoires que j'avais seulement entendues racontées par mon père. Plusieurs fils rouges que l'on peut suivre sur les trois générations illustrent fort bien notre manière de penser. On retrouve l'esprit pionnier, le désir d'explorer, de comprendre l'inconnu, d'accomplir quelque chose considéré comme impossible... La BD montre aussi que l'on s'est fait ou que l'on a failli se faire déposséder de plusieurs de nos projets. Et j'y retrouve un fil conducteur fondamental : le désir de protéger l'environnement, cette préoccupation écologique, que mon grand-père avait, que mon père avait et que j'ai !

© Apichat - stock.adobe.com

TÉLÉMÉDECINE LES NOUVEAUX CABINETS

MINORITAIRES DANS LES PRATIQUES DE TÉLÉCONSULTATION, DES CABINES ÉQUIPÉES SE DÉPLOIENT DANS LES PHARMACIES. LES ESPACES BÉNÉFICIANT DE L'ASSISTANCE D'INFIRMIERS GAGNENT LES FAVEURS DE LA POPULATION, ET DES POUVOIRS PUBLICS.

C'est fin avril que Yann (le prénom a été modifié), après avoir contacté en vain une dizaine de médecins, s'est présenté à l'espace de santé installé quelques semaines auparavant au sein de la gare d'Épinay-sur-Orge. Ses difficultés à respirer et ses lèvres violettes ont incité l'infirmière à contacter le Samu. Diagnostic : une pneumonie qui, à un quart d'heure près sans oxygène, aurait pu être fatale à cet homme de 69 ans.

RÉALISÉE PAR **DOMINIQUE PIALOT**

Très médiatisé, cet incident à l'issue heureuse, a contribué à faire connaître plus largement cet espace de 70 mètres carrés, composé de plusieurs salles : prélèvements, soins infirmiers et 15 mètres carrés dédiés à la télémédecine assistée. Un modèle développé par Doxamed, qui a remporté un appel d'offres de la SNCF pour équiper plusieurs centaines de gares dans les prochaines années. Les patients s'y rendent sans rendez-vous. Corinne Moussard, l'infirmière qui le pilote, les aide à identifier, via la borne dédiée, un médecin disponible au sein du réseau de Doxamed. Surtout, elle les assiste dans l'utilisation des divers instruments à leur disposition, pas moins de neuf appareils connectés qui lui permettent d'ausculter les patients, et au médecin à distance, de disposer des résultats en temps réel. Ces possibilités résultent des développements technologiques les plus récents, la miniaturisation des appareils, et le *screening* des individus, notamment grâce à l'intelligence artificielle.

Des dispositifs plus modestes se développent sous la forme de bornes ou de cabines, commercialisées par des entreprises spécialisées comme Medadom ou Tessan. Déployées en priorité dans les pharmacies, mais également dans des lieux publics tels que les mairies, on en compterait environ 6 500, installées partout en France. Elles ne représentent aujourd'hui qu'une minorité des téléconsultations pratiquées en France, la majorité s'effectuant depuis le domicile des patients via des plateformes spécialisées telles que Livi, Qare ou Doctolib. Ce dernier s'octroie près de la moitié du marché, avec 5,1 millions de téléconsultations en 2024, soit 4,8 % des consultations effectuées via la plateforme, en léger recul par rapport à 2022. La psychiatrie, la médecine générale et la pédiatrie sont les spécialités les plus pratiquées en téléconsultation, à l'inverse de la dermatologie ou de la gynécologie.

TÉLÉCABINE
La cabine Tessan permet une téléconsultation immersive grâce à six dispositifs médicaux connectés, pilotés à distance par le premier médecin disponible.
© Tessan

Téléconsultation augmentée, mais rarement assistée

À l'inverse de cette téléconsultation menée depuis chez soi, que ce soit avec son propre médecin traitant, un généraliste ou un spécialiste implanté à l'autre bout du pays, y compris dans les territoires d'outre-mer, les cabines donnent accès à une consultation « augmentée », et, idéalement, assistée. Elles existent en plusieurs modèles, de tailles variables et plus ou moins bien équipées. Le dernier modèle de Tessan, par exemple, dispose d'un espace suffisant pour y accueillir un parent et deux enfants, d'une vitre qui s'opacifie en cas d'occupation pour garantir la confidentialité, de tissus antibactériens et antiviraux, d'un système de désinfection automatique par UV et, bien sûr, de plusieurs équipements dernier cri à disposition du praticien : tensiomètre, oxymètre, thermomètre, stéthoscope, dermatoscope et otoscope. Les données recueillies sont automatiquement transmises dans le dossier médical du patient via une plateforme sécurisée. L'anamnèse, qui précède l'examen clinique et permet au médecin d'obtenir des informations utiles à l'établissement d'un diagnostic, s'effectue en amont de la consultation proprement dite via un questionnaire très complet.

Selon les modèles, la location de la cabine revient de 100 à 400 euros par mois à la pharmacie. En échange, celle-ci bénéficie d'un flux de clientèle supplémentaire, munie d'une ordonnance à la sortie de la consultation. L'installation au sein des pharmacies est notamment pensée pour que les patients, notamment les plus âgés ou éloignés du numérique, puissent bénéficier d'une assistance. Comme cela a été rappelé lors des premières assises de la téléconsultation qui se sont tenues fin juin, « *on observe une convergence entre les inégalités médicales et la fracture numérique* ». Mais, de l'aveu même des pharmaciens, ils n'ont pas le temps de proposer systématiquement cette assistance. Et la location de la cabine n'est pas toujours rentabilisée. « *La*

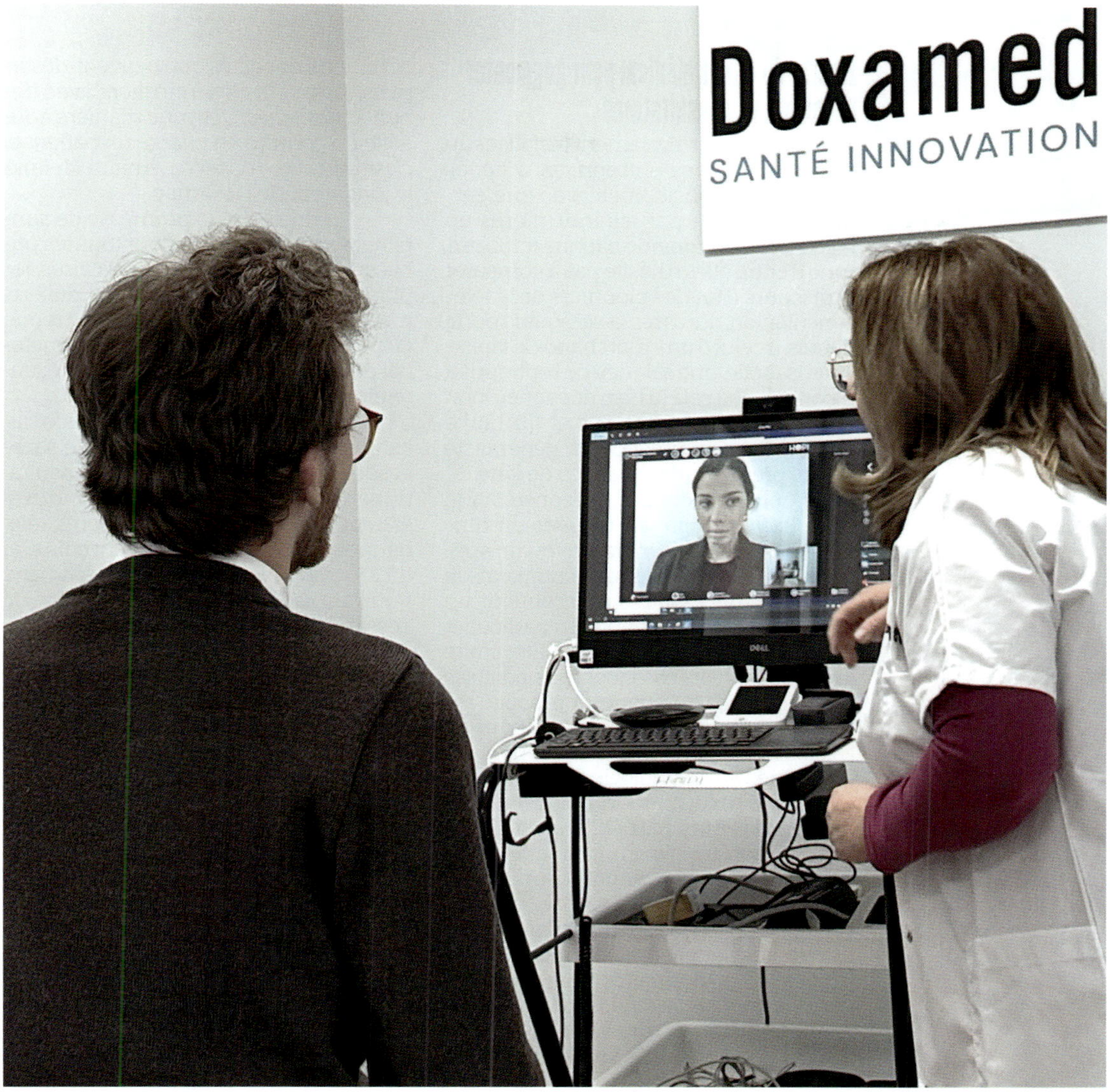

CONSULTATION ASSISTÉE avec un médecin. L'infirmière, présente auprès du patient, peut l'examiner à l'aide d'instruments médicaux connectés permettant un vrai rendu médical.
© Doxamed

fréquentation n'est pas si élevée, alors même que nos clients se plaignent, à raison, de leur difficulté à trouver un médecin, s'étonne cette pharmacienne d'une petite ville de Seine-et-Marne. *Je le fais par souci de rendre service, mais le prix de la location, d'environ 200 euros par mois, n'est pas compensé par les ordonnances.* » Il faut dire que cela rapporte nettement moins aux officines que la vente de produits de parapharmacie.

Pourtant, les renouvellements d'ordonnance sont bien le principal motif de téléconsultation. Mais pas le seul. Près de Montargis, Christine, qui, pour avoir traversé d'autres épisodes dépressifs, en a reconnu les symptômes suite à une rupture douloureuse, ne tarit pas d'éloges sur ce dispositif. « *Alors que c'est quasiment impossible d'en trouver un dans le coin, j'ai pu avoir rendez-vous dans la journée même avec un généraliste, qui m'a prescrit exactement le traitement qu'il me fallait.* » Un constat que confirme la pharmacienne, qui enregistre environ trois à quatre consultations par jour, « *mais pas tous les jours* ». En revanche, « *entre l'attente pour être mis en relation avec un médecin disponible et la consultation elle-même, cela peut prendre jusqu'à une heure* », souligne-t-elle. Et même plus en cas d'épidémie. Ce qui, lorsque des patients se présentent peu de temps avant la fermeture, peut conduire à des frustrations. Des inconvénients qui n'empêchent pas Christine d'affirmer : « *J'y aurai de nouveau recours sans hésiter si j'en ai le besoin.* »

JORDAN COHEN
Fondateur de Tessan
© D.R.

Libérer du temps médical pour augmenter le nombre de consultations

Des cabines sont également installées au sein de certaines entreprises, où elles sont parfois considérées avec une certaine méfiance par les infirmières en place. Dans une grande banque française, l'une d'entre elles n'hésite pas à comparer le discours d'un des pionniers de la téléconsultation, qui a mis la clé sous la porte depuis, à celui d'un « marchand de tapis ». Mais Isabelle, une salariée de l'entreprise, reconnaît que cela l'a bien dépannée lorsqu'elle s'est bloqué le dos et qu'il lui a fallu trouver en urgence un généraliste qui lui prescrive des séances de kiné.

Côtés patients, la téléconsultation offre la possibilité de trouver un rendez-vous avec un généraliste ou un spécialiste, dans des délais sans comparaison avec ceux nécessaires pour obtenir un rendez-vous en présentiel, en particulier dans les « déserts médicaux ». Elle limite les déplacements chronophages, pénibles pour certaines personnes à mobilité réduite, et potentiellement onéreux, et allège aussi les parcours de soins pour les personnes aux pathologies chroniques.

Côté médecins – qui peuvent être salariés à temps partiel de sociétés de consultation, un système qui garantit à la plateforme de pouvoir proposer un rendez-vous dans un délai rapide – la téléconsultation leur assure un volant d'actes plus rapides et plus légers en tâches administratives, donc plus nombreux. De quoi compenser la différence de tarif de 5 euros. Lorsqu'ils sont salariés, les médecins sont recrutés sur candidature spontanée ou par cooptation. *« La possibilité pour les patients de laisser une appréciation après la consultation permet de se séparer des mauvaises recrues »*, affirme le fondateur de Tessan, Jordan Cohen, qui évoque un licenciement par mois en moyenne, essentiellement pour cause de propos déplacés, notamment racistes, ou de consultation expédiée en quelques minutes.

Côté pouvoirs publics, la téléconsultation contribue à désengorger les services d'urgence et à économiser les coûts, liés notamment au transport. De façon générale, il s'agit de libérer du temps médical grâce aux questionnaires et prises de constantes pratiquées par les patients eux-mêmes ou les professionnels de santé qui les assistent, afin d'augmenter le nombre de consultations. Même en cas de téléconsultation assistée, *« le principe consiste à optimiser les temps du médecin grâce à des actes que peuvent, désormais, faire seuls les infirmiers avec des outils connectés. C'est une manière nouvelle de prendre en charge un patient et c'est efficace »*, observe Arnaud Molinié, le fondateur de Doxamed.

En revanche, la promesse de simplifier l'accès aux soins pour tous les publics, notamment les plus précaires, les plus âgés, et les habitants des déserts médicaux, ne semble pas tout à fait tenue. D'après un rapport d'information sénatorial de mars 2022, ces derniers représenteraient plus de 30 % des Français.

Mais selon la DREES, le service statistique ministériel en matière de santé et social, en 2021, 70 % des téléconsultations (toutes modalités confondues) étaient réalisées avec des patients résidant dans les grands pôles urbains, et 45,2 % avec des patients de 15 à 44 ans. Pourtant, à en croire Jordan Cohen de Tessan, l'âge moyen des patients dans les télécabines installées en pharmacie augmente au fil du temps et atteindrait aujourd'hui 38 ans. Par ailleurs, les déserts médicaux existent aussi en zone urbaine. On ne compterait ainsi que deux généralistes pour 100 000 habitants en Seine-Saint-Denis.

Premier repli de la pratique, premières assises de la téléconsultation

Remboursée depuis septembre 2018, la téléconsultation a connu depuis une évolution contrastée. Toutes modalités confondues (depuis le téléphone à domicile jusqu'à la téléconsultation augmentée et assistée en maisons de santé en passant par les cabines installées en pharmacie), la pratique est passée de 400 000 actes en 2019 à 18 millions en 2020 en pleine pandémie Covid, avant de se stabiliser depuis aux alentours de 13 millions.

Certaines dérives ont conduit les pouvoirs publics à prendre des mesures, par exemple en limitant le nombre de jours d'arrêt de travail prescriptibles en téléconsultation ou encore en élaborant un statut spécifique aux sociétés de téléconsultation, et un agrément qui autorise le remboursement des consultations effectuées par leur intermédiaire.

Le léger repli observé dans la pratique a d'ailleurs entraîné la tenue des premières Assises de la téléconsultation en juin 2025, destinées à étudier les freins et conditions d'un déploiement harmonieux et répondant aux enjeux actuels. Ce fut l'occasion de rappeler la vision « ambivalente et contrastée » portée sur la pratique. Si elle apparaît comme une solution dans certains territoires, elle suscite aussi des craintes de financiarisation du lien entre médecin et patients. Elle est parfois rejetée comme un symbole de l'éloignement des services publics en général, ou perçue comme une médecine de second rang, notamment chez les patients âgés qui ont connu les médecins de campagne. Chez les médecins aussi, qui, de façon générale, ont découvert la téléconsultation à l'occasion de la pandémie de Covid 19, mais restent insuffisamment formés, les jeunes sont plus ouverts à la pratique. Certains y sont hostiles parce qu'ils y voient une forme de concurrence déloyale, les cas les plus simples et rapides à traiter étant captés par la téléconsultation, les médecins exerçant en présentiel devant traiter les cas les plus complexes et les plus chronophages, au détriment de leur productivité et donc de leurs revenus.

Organisations territoriales de télémédecine

Un modèle encore peu développé semble cocher de nombreuses cases : les centres de consultation assistée tels que ceux déployés par Omedys, racheté par Crédit Agricole Santé et Territoires, qui revendique plus de 40 000 téléconsultations réalisées chaque année, via neuf cabinets médicaux et près de 350 relais santé. « *C'est la seule organisation territoriale de télémédecine agréée par la Sécurité sociale* », souligne Arnaud Gibaru, infirmier qui exerce à Nouzonville, petite ville des Ardennes de 6 000 habitants, dont l'unique médecin est âgé de 75 ans. Celui qui est aussi youtubeur « *pour lutter contre les a priori dont souffre la téléconsultation, et souligner le rôle essentiel de l'infirmier* », compte 55 % de patients de plus de 65 ans (contre 5 % des adeptes de la téléconsultation via Doctolib). Il alterne visites à domicile (y compris pour y pratiquer de la téléconsultation grâce à des mallettes portatives) et au cabinet, entretenant ainsi sa connaissance des patients et de leur environnement. De l'autre côté de l'écran, le médecin est le même depuis trois ans, ce qui favorise le lien avec les patients. Lui aussi est installé sur le territoire. « *Cela lui permet de savoir quels spécialistes y sont implantés, quel est le délai moyen pour obtenir un rendez-vous ; s'il existe des pathologies prévalentes sur le territoire, par exemple des troubles musculosquelettiques propres à certains secteurs d'activité, si certaines espèces animales ou végétales y sont particulièrement virulentes, etc.* », détaille Arnaud Gibaru. Outre l'équipement semblable à celui de certaines cabines, le centre de Nouzonville est doté d'un électrocardiographe connecté (pour les tests d'effort) et d'un échographe (particulièrement utile pour détecter les infections urinaires). « *Un équipement dont jouissent peu de cabinets médicaux classiques* », observe le youtubeur... Il déplore cependant une rémunération peu avantageuse pour les infirmiers, qui rend cependant une téléconsultation assistée plus onéreuse pour la Sécurité sociale qu'en présentiel. « *Mais cela inclut de la prévention et de l'éducation, ce qui, in fine, génère des économies pour la collectivité* », plaide-t-il.

Si le marché de la téléconsultation et ses différentes modalités sont encore en cours de structuration, ces pratiques sont amenées à jouer un rôle important dans la médecine du futur, d'autant plus en période de vaches maigres pour la Sécurité sociale. Reste à trouver le juste équilibre entre efficacité et préservation de la relation entre soignant et soigné.

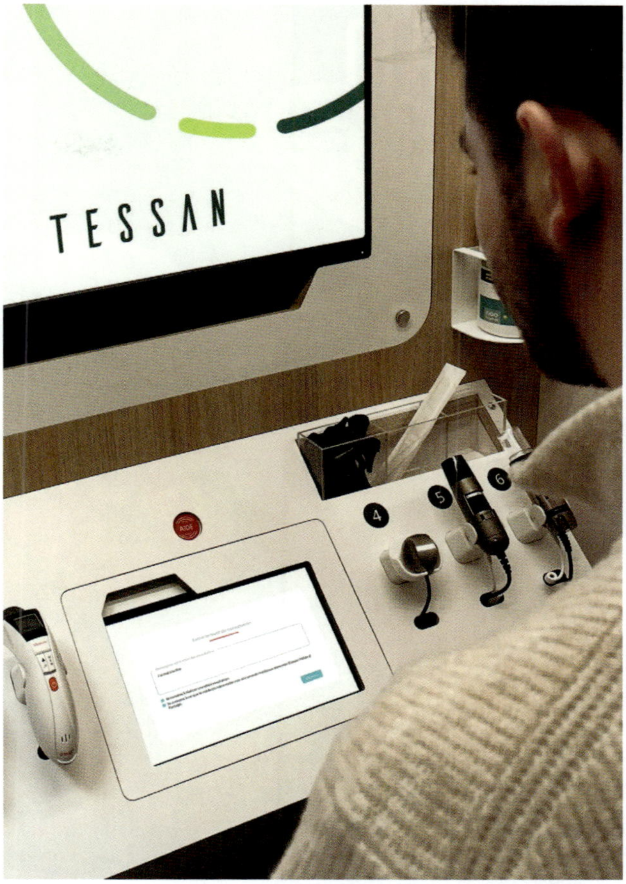

PLATEFORME CONNECTÉE
Les informations recueillies sont transférées en temps réel dans le dossier médical du patient par l'intermédiaire d'une plateforme sécurisée.
© Tessan

PORTFOLIO

BIBLIOTHÈQUES

Les bibliothèques – à l'image de la BnF dont nous découvrons ici la majestueuse salle Ovale – sont bien plus que des lieux de conservation ou d'étude. Elles incarnent le savoir, la mémoire et l'imaginaire. Nous vous invitons dans ce portfolio à découvrir des espaces d'exception : escaliers monumentaux, salles de lecture baignées de lumière, boiseries séculaires ou structures contemporaines – chaque photo révèle un fragment de l'histoire intellectuelle européenne. Certaines, telle la BnF, possèdent les fonds les plus riches du monde ; d'autres, à l'instar de la bibliothèque universitaire de Strasbourg, ont survécu aux bombardements ; d'autres encore conservent, comme la bibliothèque Mazarine, un trésor inestimable.

1770

LA BIBLIOTHÈQUE INTERUNIVERSITAIRE DE LA SORBONNE À PARIS

Au cœur du Quartier latin, la bibliothèque interuniversitaire de la Sorbonne incarne l'héritage intellectuel de la Sorbonne. Derrière sa façade discrète se déploie un vaste réseau de salles et de rayonnages, fruit d'une histoire commencée en 1770. Rénovée au XXIe siècle, elle conjugue tradition et modernité, accueillant chercheurs et étudiants dans un cadre classé monument historique. Ses collections, réparties sur 10 000 m^2, et 40 km de rayonnages, couvrent les lettres, les sciences humaines et sociales. La salle photographiée, dite salle Saint-Jacques, est reconnaissable à sa coupole. Au premier plan, vous pouvez voir un buste en hommage à Philippe Le Bas, qui fut conservateur-administrateur de la bibliothèque de la Sorbonne, et qui y aura tenu un rôle important.

1891

LA SALLE DE LECTURE DE LA BIBLIOTHÈQUE UNIVERSITAIRE DE STRASBOURG ET SON ESCALIER

Située place de la République, au cœur de la Neustadt, à Strasbourg depuis 1891, la BNU s'impose par sa monumentalité et son histoire mouvementée. Plus de trois millions de documents couvrant l'ensemble des sciences humaines et sociales de l'Antiquité à nos jours y sont conservés. Ce qui en fait la deuxième plus grande bibliothèque de l'Hexagone. La BNU a survécu aux bombardements et à la dispersion de ses fonds. Située dans un bâtiment réalisé par les architectes August Hartel et Skjöld Neckelmann, la BNU est classée monument historique depuis 2004. Un vaste chantier a permis de rénover et restructurer ses espaces intérieurs entre 2003 et 2014. Aujourd'hui, l'escalier central, chef-d'œuvre contemporain signé Nicolas Michelin, s'élève en spirale sur 27 mètres, suspendu par 120 haubans sous une coupole de lumière.

© Bnu - JPR

1661

LA BIBLIOTHÈQUE MAZARINE À PARIS

Nichée quai de Conti, la bibliothèque Mazarine est la plus ancienne bibliothèque publique de France, fondée au XVIIe siècle à partir des collections du cardinal Mazarin. Elle fut ensuite transférée dans le Collège des Quatre-Nations, œuvre de l'architecte Louis Le Vau. Avant ce déménagement, Mazarin avait réuni ses ouvrages dans son hôtel particulier – aujourd'hui le site Richelieu de la BnF. C'était alors la plus vaste bibliothèque privée d'Europe, avec une collection de 40 000 volumes, ouverte à toutes les disciplines et à toutes les langues. Maintenue ouverte pendant la Révolution, la bibliothèque Mazarine conserve des trésors comme la Bible de Gutenberg. Son décor classique et ses boiseries en font un joyau du patrimoine parisien.

© Guillaume de Smedt

Raynal

MONTE-CHARGE

1851

LA GRANDE SALLE DE LECTURE DE LA BIBLIOTHÈQUE SAINTE-GENEVIÈVE À PARIS

Inaugurée en 1851 sur la place du Panthéon, la bibliothèque Sainte-Geneviève est l'œuvre visionnaire d'Henri Labrouste. Sa grande salle de lecture, située à l'étage, est un chef-d'œuvre du rationalisme architectural : deux nefs voûtées portées par des colonnes en fonte et une charpente métallique apparente, une première dans un bâtiment public. La lumière naturelle baigne les 700 places, encadrées par des rayonnages sur deux niveaux. Sur la façade, les noms de savants gravés rappellent l'ambition encyclopédique du lieu. Son département de littérature nordique, labellisé CollEx depuis 2017, en fait la première bibliothèque française dans ce domaine hors pays scandinaves.

GUILLAUME GIBAULT,
fondateur de l'entreprise
Le Slip français.

PME LA FRANCE QUI GAGNE

DOSSIER
FABRICE LUNDY

À l'heure où la fabrication locale, l'innovation durable et la responsabilité environnementale sont devenues des enjeux majeurs, plusieurs entreprises françaises se distinguent par leur savoir-faire, leur capacité à innover et leur engagement écoresponsable. Qu'il s'agisse du fleuron français du mobilier d'extérieur Lafuma, de la jeune blanchisserie industrielle Georges, de la marque emblématique de sous-vêtements Le Slip français, de la plus ancienne maison française d'infusions Pagès, ou encore du Dijonnais Eurogerm, spécialiste mondial des ingrédients céréaliers innovants, ces entreprises renforcent leur présence sur le marché en misant sur la valorisation du made in France, tout en maîtrisant leur empreinte écologique.

PHOTOGRAPHE
LIONEL GUERICOLAS

LE SLIP FRANÇAIS

CE DIJONNAIS CONTINUE DE NOUS FAIRE AIMER LE PAIN

Depuis 1989, Eurogerm conjugue le bon goût, la santé, l'innovation et la durabilité dans la boulangerie et la pâtisserie. Son prochain chantier : la biofermentation.

« *Nous sommes capables de proposer une brioche qui aura 30 % de sucre en moins et une empreinte carbone réduite de 50 %. Le cœur de notre métier, c'est la formulation.* » Le président d'Eurogerm, Jean-François Honoré, est intarissable quand il s'agit d'évoquer le pain et la viennoiserie.

L'ETI dijonnaise est une spécialiste mondiale des ingrédients céréaliers innovants dont elle fait profiter boulangers et pâtissiers industriels, et les meuniers qui, eux, travaillent avec les commerçants traditionnels. Pour simplifier, on pourrait dire que Eurogerm est l'expert en croustillant et en moelleux.

Sa panoplie est très vaste. L'entreprise de Saint-Apollinaire conçoit et produit des préparations pour pains spéciaux et viennoiseries, telles des graines qui vont donner un goût particulier ou des levains qui vont donner une couleur spéciale, des améliorants de panification pour faire progresser la texture et la fraîcheur des pains de mie, des croissants, des pains au lait. On est dans le domaine de la micronutrition.

Le clean-label au service de la boulangerie

« *En fait, notre métier, c'est de gérer l'incertitude à laquelle font face nos clients* », rappelle souvent Jean-François Honoré. Les aléas peuvent être nombreux quand il s'agit de qualité, de sécurité, ou des goûts parfois changeants des consommateurs, par exemple vers des produits nomades comme le *snacking*. Eurogerm permet aux professionnels de coller aux tendances et d'épouser aussi les cultures alimentaires locales. C'est important quand on a installé une quinzaine de filiales dans le monde – Mexique, Colombie, Liban, Italie, États-Unis... Plus de sept ventes sur dix se font à l'étranger.

« *Nous avons une histoire extrêmement forte dans ce que l'on appelle le "clean label"* » offrant des solutions en matière de santé, de plaisir gustatif, de nutrition, et de durabilité, par exemple en allongeant la durée de vie des produits et en remplaçant des ingrédients moins sains.

Conscient des enjeux environnementaux, le groupe agroalimentaire s'engage dans une démarche de réduction de son empreinte écologique via des gammes d'ingrédients plus responsables, des technologies de production moins émettrices de gaz à effet de serre, l'utilisation d'énergies renouvelables et la lutte contre le gaspillage.

L'ETI bourguignonne a, en plus de trente ans, acquis une base d'analyses variétales, d'échantillonnages de blés. Elle propose chaque année plus de 50 innovations, inspirées des traditions culinaires mondiales.

Depuis quelques mois, Eurogerm franchit une nouvelle étape dans l'innovation alimentaire en investissant massivement dans la biofermentation. Grâce à une usine flambant neuve de 4000 m² près de Dijon, Eurogerm devient non seulement créateur, mais aussi producteur d'ingrédients issus de la biofermentation, avec une capacité de 400 tonnes dès la première année, puis de 1000 tonnes à terme. « *C'est la beauté de la nature. Vous l'avez pour le vin, la bière, le fromage... Nous allons développer des ingrédients complètement naturels dans l'univers du pain* », se réjouit le président de l'entreprise.

«Nous avons une histoire extrêmement forte dans ce que l'on appelle le "clean label"» offrant des solutions en matière de santé.»

Encore plus de naturalité dans le pain

La biofermentation est un procédé naturel fondé sur l'action de micro-organismes, permettant de transformer des matières premières comme le son de blé en ingrédients fonctionnels, sans extraction ni additif. À travers deux lignes de production distinctes – l'une pour les ferments liquides, l'autre pour les ferments solides –, Eurogerm développe des ingrédients aux propriétés sensorielles et nutritionnelles renforcées, tout en répondant aux exigences de naturalité, de durabilité et de traçabilité. L'approche d'Eurogerm ne se limite pas à la performance technique : elle s'inscrit dans une vision plus large d'une alimentation responsable. Les levains fabriqués sont issus de matières premières locales, agricoles raisonnées ou biologiques, avec un objectif clair de réduction de l'empreinte carbone. Le site est également conçu pour traiter les eaux usées grâce aux plantes et aux micro-organismes. Avec cet investissement de 21 millions d'euros, Eurogerm affirme son ambition : être à la pointe de l'innovation durable dans l'agroalimentaire, en proposant des solutions naturelles et performantes aux artisans et industriels de la boulangerie et du traiteur.

Le volet social n'est pas oublié. Jean-François Honoré revendique une entreprise *« au service de ses communautés »* : collaborateurs, partenaires, clients, mais aussi associations et acteurs de son territoire. L'engagement prend la forme d'actions concrètes : accompagnement de ses salariés, politique de mécénat, et gouvernance tournée vers la responsabilité.

Décidément, nous allons apprécier le bon pain, encore plus qu'avant !

JEAN-FRANÇOIS HONORÉ, président d'Eurogerm.

LES TISANES D'AUTREFOIS, UNE NOUVELLE JEUNESSE

THOMAS AURIAU,
directeur général
de Pagès.

Depuis la Haute-Loire, Pagès innove sur tous les tableaux pour réinventer la bonne vieille infusion : cap sur la jeunesse, le *green* et le made in France.

Thomas Auriau, son directeur général, le revendique : « *Son métier, c'est infuseur. C'est cultiver l'art de marier tradition et innovation pour créer non seulement des saveurs, mais aussi s'engager pour une croissance responsable et durable.* » Pagès, installée au Puy-en-Velay, est la plus ancienne marque d'infusions en France.

Au départ, en 1859, c'est une herboristerie créée par le botaniste Joseph Rumillet-Charretier. Son cousin, Victor Pagès, la fera évoluer quelques décennies plus tard en un fabricant et distributeur de boissons chaudes et froides. En plus d'un siècle, le groupe familial s'est évidemment agrandi pour se classer au troisième rang du marché des infusions et tisanes derrière deux multinationales, Lipton et Twinings. C'est donc le premier fabricant indépendant, qu'on va retrouver principalement en marque de distributeur (MDD), ainsi que sous sa marque propre en grandes et moyennes surfaces, mais aussi dans des réseaux spécialisés, pharmacies et herboristeries.

Le segment bio en constante progression

Mais le directeur général de Pagès arrête là la comparaison. « *Pagès se distingue par son modèle d'entreprise familiale, sa production hybride combinant marques distributeurs et nationales, et son engagement envers le bio et la production française, tout en restant agile grâce à une innovation continue et une stratégie de décarbonation.* » L'entreprise familiale accélère sur le bio avec aujourd'hui presque 40 % des ventes. « *Cette hybridation, elle vous donne des forces. Vous êtes beaucoup plus agiles.* »

Aujourd'hui, l'approvisionnement en thé provient principalement des trois premiers pays producteurs – la Chine, l'Inde, le Sri Lanka – tandis que les infusions utilisent environ 150 plantes de divers pays, telles que la verveine au Paraguay, la menthe d'Égypte et dans les pays de l'Est, l'hibiscus au Nigeria et au Soudan, le rooibos en Afrique du Sud, avec une attention particulière à la qualité et au respect des normes sociales et environnementales.

Thomas Auriau est donc fier de relocaliser et développer des filières françaises, notamment dans la Drôme. « *En 2024, c'est 30 % de mon chiffre d'affaires d'infusion qui est réalisé en France sur la marque Pagès. D'ici à 2028-2030, ce sera la moitié.* » Cette démarche s'accompagne d'un label clair pour le consommateur, indiquant l'origine française des plantes utilisées. Dans le catalogue de la PME auvergnate : des infusions – feuilles d'oranger, fenouil, réglisse, lavande... –, infusions à froid, bien-être, après-repas, nuit, détox, drainage, des thés – Earl Grey, vert, menthe, noir... Pagès sort deux à trois nouveaux thés et infusions chaque année. Depuis la crise du Covid, les tisanes séduisent un nombre croissant d'amateurs. « *On se rend compte que le marché des infusions est un segment qui intéresse beaucoup d'investisseurs parce qu'il est en croissance – 6 % cette année et sur les dix dernières années – surpassant celui du thé, attirant ainsi de nouveaux consommateurs, notamment les jeunes* », se félicite le dirigeant de l'entreprise familiale. *Ce qui intéresse les gens, ce n'est plus la verveine de Mamie, le fameux pisse-mémé !* »

Bannir la cellophane et le plastique

Pagès se positionne en innovateur constant, en développant de nouvelles recettes chaque année, inspirées par les tendances du marché et les préférences des consommateurs. Des produits qui attirent désormais un public plus jeune, soucieux de sa santé, en quête de produits naturels et de produits sans théine qui ne noircissent pas les dents. L'accent est mis sur des tendances gourmandes et parfumées à base de betterave, de yuzu, de mandarine ou de fruits rouges et de plus en plus sur des infusions à froid.

L'entreprise du Puy-en-Velay s'agrandit donc pour faire face à la demande en s'équipant d'une nouvelle ligne de production avec un investissement de 4 millions d'euros en 2025.

L'innovation de Pagès repose aussi sur une démarche environnementale ambitieuse. « *On a été les premiers, il y a quinze ans, à retirer la cellophane des boîtes de thé et à passer ensuite aux emballages sans plastique* », se souvient Thomas Auriau. Ses sachets de thé sont en fibres végétales 100 %, non blanchis au chlore. Il investit également dans l'installation d'ombrières photovoltaïques pour l'autoconsommation énergétique, ou de LED sur les 13 000 m² de toute l'usine, et mise sur le recyclage des déchets afin de limiter les pertes de plantes dans le cycle de production. « *On est en train de voir si sur des analyses de cycle de vie, on ne peut pas privilégier certaines origines afin de continuer à diminuer l'impact.* »

« D'ici à 2028-2030, ce sera la moitié de mon chiffre d'affaires d'infusion qui sera réalisée en France sur la marque Pagès. »

UNE LESSIVE QUI MET TOUTES LES BILLES DE SON CÔTÉ

Georges est une jeune blanchisserie industrielle spécialisée dans le nettoyage et la décontamination de vêtements de travail, basée sur un modèle écoresponsable.

« *On a été un petit, un tout petit minuscule maillon dans la réouverture de Notre-Dame de Paris.* » Mais Karine Da Silva, la présidente fondatrice de Georges, en est très fière presque un an après. C'est un médecin travaillant pour la Médecine du travail qui avait suggéré son nom à l'établissement public pour gérer la décontamination au plomb des vêtements des ouvriers après l'incendie. Au cœur de l'été 2019, après avoir annulé ses vacances, forte de son expérience, la jeune dirigeante monte un dossier en huit jours et emporte le marché.

Une nouvelle reconnaissance pour celle qui, il y a huit ans, plaque tout pour lancer à Bassens, près de Bordeaux, sa blanchisserie industrielle écoresponsable pour professionnels. Venant du mécénat pour l'Opéra de Bordeaux, elle avait créé, en 2000, Ex Nihilo qui conçoit des vêtements de travail. « *J'entendais beaucoup nos clients grands comptes râler à propos de l'entretien.* » Ce qui lui donne l'idée de s'emparer du sujet avec dès le départ une vision écologique. « *La moitié de l'impact environnemental dans un vêtement professionnel c'est l'usage de l'article, notamment l'entretien.* »

Elle revend ses parts, sollicite de la *love money*, et en 2017, Georges prend forme. Existe-t-il ? Karine Da Silva joue la mystérieuse, « *Georges, qu'on ne voit pas c'est l'homme de l'ombre un peu comme Charlie dans "Drôles de dames". Il tire les ficelles de plein de gens qui sont super compétents* ». La première étape a été de trouver au départ une technologie d'entretien peu consommatrice de ressources. Le secret de Georges, ce sont des microbilles qui remplacent 80 % de l'eau dans des machines à laver innovantes, développées en exclusivité pour la PME girondine par Hydrofinity. Le Britannique, voisin de Rolls-Royce, à côté de Manchester, nettoyait des pièces aéronautiques pour le célèbre constructeur de moteurs d'avion.

Cinq fois moins d'eau

Ces microbilles de lavage sont fabriquées en polymère par BASF en Allemagne et mesurent quatre millimètres de diamètre. Pour 35 kilos de linge, il faut mettre 25 kilos de billes qui restent en cycle fermé dans le tambour durant un trimestre, soit 700 cycles de lavage, avant de les recycler. Karine Da Silva est fière d'affirmer que « *nous prolongeons la durée de vie de vos vêtements tout en consommant cinq fois moins d'eau – deux fois moins d'électricité car on chauffe moins l'eau – et deux fois moins de produits lessiviels.* » L'an dernier ce sont environ cinq piscines olympiques qui ont été économisées.

L'entreprise qui s'est spécialisée dans l'entretien, le nettoyage, la dépollution et la décontamination d'uniformes souillés par le plomb et la suie, notamment pour les pompiers, dispose aujourd'hui de neuf sites en France – les deux derniers étant Lille et Rouen – dans un rayon d'action localisé – 250 kilomètres – pour limiter l'empreinte carbone. La jeune PME se distingue d'ailleurs par son modèle maîtrisé, réplicable en six mois. 500 000 € d'investissement sont nécessaires en moyenne pour une ouverture.

Hypertraçabilité

L'autre point fort de Georges, c'est d'amener du service grâce à la tech, en plus de

« La moitié de l'impact environnemental dans un vêtement professionnel, c'est notamment l'entretien. »

l'environnement. « *La technologie d'entretien, c'est un atout vraiment important. La digitalisation du parcours du vêtement aussi afin de suivre chacun des vêtements grâce à un QR code en temps réel* », insiste la dirigeante qui se targue d'avoir 10 % de ses effectifs qui sont des développeurs, des data scientists ou des spécialistes du digital.

La blanchisserie industrielle travaille en effet sur un programme à 2027 autour de l'intelligence artificielle et des modèles prédictifs « *pour optimiser la gestion des flux et aider les clients à réduire la consommation de textiles afin d'acheter la juste quantité au bon moment.* »

Le succès est vite arrivé. D'abord, quasiment à la création en 2017, le premier gros contrat avec un atelier SNCF. Puis Eiffage, Air France pour le personnel navigant de l'aéroport de Roissy, la préfecture de police de Paris, Renault récemment. Presque 2 millions de vêtements sont lavés par Georges qui voit grand pour la suite, portée par une croissance constante grâce notamment au succès du chantier de Notre-Dame de Paris, avec l'ouverture de nouvelles blanchisseries en France et peut-être en Europe.

Et surtout, une ambition forte revendiquée par Karine Da Silva : « *Créer une blanchisserie à zéro impact environnemental d'ici à 2030, en développant des solutions de cycle fermé pour minimiser l'utilisation de ressources* », notamment en réutilisant l'eau, et constituer une flotte 100 % électrique.

KARINE DA SILVA,
présidente fondatrice de Georges.

LES SOUS-VÊTEMENTS QUI VEULENT S'AFFICHER

GUILLAUME GIBAULT, fondateur de l'entreprise Le Slip français.

Porte-drapeau à succès du made in France depuis une quinzaine d'années, Le Slip français a dû faire un virage à 180° sur sa stratégie pour rester dans la course.

Sa formule a le mérite d'être claire : « *Je remets mon slip dans le bon sens.* » Guillaume Gibault est un éternel optimiste, même si les doutes ont pu être forts depuis deux ans.

Celui qui vient de sortir de HEC, il y a bientôt quinze ans est convaincu « *que c'est possible de fabriquer en France et de monter une marque de sous-vêtements sur Internet parce qu'il y a un vrai savoir-faire chez nous. Si on veut changer le monde, il faut commencer par changer de slip.* » L'art de la petite phrase dont il va user dans sa communication décapante. On se souvient comment, en 2012, le trublion avait détourné la campagne présidentielle sur le thème « *Le changement de slip, c'est maintenant* ».

Guillaume Gibault est un ardent militant en faveur du fabriqué en France qui dispose de nombreux atouts. « *La réactivité, le savoir-faire et la capacité d'innovation.* » L'ADN du Slip français au départ c'est de fabriquer tous ses produits – au liseré bleu blanc rouge – à moins de 250 kilomètres du consommateur. Des boxers, des slips, puis des pyjamas, des maillots de bain, des marinières, et pour les femmes ensuite des brassières. La marque coopérera à son apogée avec 80 fabricants français pour le tricotage des fils et la confection. Les vêtements sont écoconçus avec des matières recyclées et locales, comme le lin ou la laine en circuits courts. Les boîtes d'emballage et les étiquettes sont également conçues en France.

En 2011, à la création, Guillaume Gibault dispose de 600 slips dans son garage. Plus de 2 millions de pièces suivront, écoulées surtout à une clientèle masculine, via Internet principalement, mais aussi dans un petit réseau d'une quinzaine de boutiques en propre, à un prix de 40 € en moyenne l'unité !

La recette fonctionne puisqu'en dix ans, Le Slip français double de taille chaque année jusqu'à atteindre 25 M€ de chiffre d'affaires avec un record durant le Covid, période durant laquelle chacun se rapproche des marques de proximité.

Le mirage du Covid

« *On a fait l'erreur de croire qu'il allait y avoir un monde d'après, que tout le monde allait acheter made in France et en ligne, parce que c'est du bon sens, c'est de l'emploi, c'est moins de CO_2.* » L'entreprise perd 10 % en 2022, autant en 2023. Entre-temps est passée la crise de l'inflation. « *On s'est dit qu'on était trop forts et que nos produits à 40 € ça marcherait.* » « *Erreur* », constate Guillaume Gibault. Il faut donc changer de stratégie.

C'est avec Léa Marie, sa responsable industrielle, aujourd'hui directrice générale et Bruno Haddad, que la nouvelle partition va s'écrire. L'entreprise a dû totalement repenser son modèle économique et réduire les prix, « *qu'on a fixés autour de 15-20 € en se disant que ça reste plus cher que le reste, mais que c'est déjà beaucoup plus abordable pour un produit d'équipement* ».

L'ADN du Slip français demeure

Une nouvelle usine en propre a été ouverte, il y a dix mois, à Aubervilliers (Seine-Saint-Denis) pour produire de manière compétitive et automatisée 15 000 pièces par semaine, soit 3 000 slips par jour. À terme, Le Slip français y produira 40 % de sa production, en conservant le reste chez les sous-traitants.

Ou ce qu'il en reste. La promesse du made in France rêvée par le toujours jeune entrepreneur s'est étiolée. Nicolas Dufourcq, le directeur général de Bpifrance, rappelait dans son dernier opus que le pays « *s'est vidé de près de la moitié de ses usines entre 1995 et 2015* ». Bien sûr, il reste le luxe qui vend très cher des produits avec une image de marque incroyable. Et de l'autre côté, des fabricants français qui ont passé graduellement une partie de leur production à l'étranger pour essayer de contrecarrer l'arrivée de concurrents sur le marché européen comme la Chine suite à son entrée à l'OMC.

Aujourd'hui, en cet automne 2025, que reste-t-il des valeurs fondamentales du Slip français ? « *Tout*, promet son fondateur. *Il reste la cocarde, le panache, l'audace. Le Slip français vise à rester une marque désirable tout en étant plus accessible. On était une marque cadeau. On devient une marque d'équipements.* »

L'entrepreneur se souvient de cette époque sombre : « *Repenser tout son modèle économique, c'est super dur. Ce sont des moments de doute, de reconstruction totale.* » L'aventure repart donc. Et tel l'optimiste qu'il est, il peut aujourd'hui affirmer « *Dans dix ans, le Slip français sera vraiment la marque iconique des sous-vêtements fabriqués en France dont nous allons accroître la production.* »

« Dans dix ans, Le Slip français sera vraiment la marque iconique des sous-vêtements fabriqués en France. »

LE COMPAGNON FIDÈLE DES WEEK-ENDS ET DES VACANCES

Repris par Peugeot Frères Industrie, Lafuma Mobilier fabrique chaque année des milliers de kilomètres de tubes en acier qu'on va retrouver dans ses meubles nomades.

L'Exposition universelle d'Osaka vient de se terminer le 13 octobre avec un pavillon français célébrant quelques fleurons tricolores tels LVMH, l'assureur Axa, les vins d'Alsace... et le Drômois Lafuma Mobilier. « *Cet évènement planétaire met en avant l'art de vivre à la française, notamment à travers la marque Lafuma, très appréciée au Japon* », raconte avec fierté son président, Arnaud du Mesnil.

Lafuma Mobilier c'est en effet une marque du patrimoine français qui produit plus de 600 000 meubles d'extérieur par an. Un mobilier nomade fait de tubes en acier et de toile tendue que vous avez vu cet été – des chaises longues, des transats, des bains de soleil – et que vous verrez pour les prochaines vacances d'hiver au pied des pistes de ski.

Cet emblème du mobilier *outdoor* existe depuis 1954. Il est l'héritier de ceux qui ont révolutionné le sac à dos dans les années 30 avec l'invention de l'armature métallique : Alfred, Victor et Gabriel, les trois frères Lafuma. Si la marque d'articles de montagne est à Annecy, le mobilier est installé historiquement depuis plus de soixante-dix ans à Anneyron dans la Drôme où est concentrée la fabrication, hormis l'injection plastique effectuée dans la vallée de la plasturgie au Balmay, dans l'Ain. « *Dans le contexte de désindustrialisation que nous connaissons, nous sommes fiers d'avoir su conserver notre ancrage local en nous battant pour conserver notre compétitivité* », affirme le président dont la société a affiché un taux de croissance annuelle moyen de 5 % dans les dix dernières années. 60 % des ventes se font entre janvier et avril.

250 000 fauteuils Relax fabriqués chaque année

« *Lafuma a dans son ADN le principe de l'innovation. Nous avons mis en place des produits qui se sont révélés être des best-sellers.* » Ce sont le *Pop-Up*, un fauteuil de jardin en acier, et surtout le célèbre *Relax* – presque la moitié de sa production, avec 250 000 qui sortent chaque année – un fauteuil léger, robuste, inclinable permettant de se détendre. Le cahier des charges était clair à l'époque : ces deux pliants faciles à emporter pour les week-ends et les vacances, devaient tenir dans le coffre d'une Dauphine !

5 000 kilomètres de tubes acier sortent des lignes de production, et aujourd'hui en 2025, le Relax est toujours bien vivant. L'histoire se prolonge « *parce qu'on diversifie les couleurs, les matières premières, parce qu'on apporte du confort et qu'on s'adapte au goût du jour* ». C'est ainsi qu'a été développé récemment, le *BeComfort*, un matelas à base de filet 3D et de ouate hydrophobe. Il vise aussi un public de plus en plus large. « *C'est un produit pour les jeunes pour récupérer après un effort sportif. Il est aussi utilisé en réflexologie. On le retrouvait dans les salles de repos du personnel soignant pendant le Covid. Les femmes qui ont eu un prématuré s'y installent pour allaiter* », rappelle Arnaud du Mesnil.

Cet élargissement de la cible est un pilier de la stratégie avec la diversification de ses marchés : le fabricant drômois se tourne aussi désormais vers les professionnels de l'hôtellerie et de la restauration.

« Nous sommes fiers d'avoir su préserver notre ancrage local en nous battant pour conserver notre compétitivité. »

Des meubles réparables et recyclables

La moitié des produits part à l'export avec un accent particulier mis sur les États-Unis. Depuis juillet 2024, Lafuma Mobilier est détenue par Peugeot Frères Industrie qui fabrique moulins à poivre et outils de bricolage. Ce dont se félicite Arnaud du Mesnil : « *Nous avons des valeurs communes, familiales, industrielles, de long terme et la même façon aussi de penser la production locale. Produire mieux, avec un impact carbone de plus en plus limité.* »

Justement, Lafuma Mobilier incarne les efforts de décarbonation de la filière en privilégiant des fournisseurs locaux dans un rayon de 150 kilomètres, en allégeant ses meubles pour limiter l'impact carbone. « *95 % de nos produits sont réparables, c'est-à-dire qu'on envisage une deuxième vie du produit,* précise son président par ailleurs très engagé au comité directeur de l'ameublement français. *J'ai cette ambition, avec l'ensemble de la filière, de poursuivre cette histoire industrielle dans le meuble en France.* »

Un meuble qui change de visage depuis le Covid. Plus flexible, plus agile, plus modulaire, qui se plie, qui se déploie. « *La marque Lafuma a vraiment sa carte à jouer parce que c'est notre ADN versus des meubles lourds qui ne se déplacent pas.* »

ARNAUD DU MESNIL,
président
de Lafuma Mobilier.

© Gajus-Images

LA MÉTHODE DANIEL POROT

PLAISIR, INFORMATION, EMBAUCHE : SÉSAME POUR L'EMPLOI

PIE, un acronyme de trois lettres qui depuis plusieurs années révolutionne la recherche d'emploi. Basée sur le recueil d'informations puisées directement auprès des acteurs en entreprise, la méthode PIE permet souvent au demandeur d'emploi d'apparaître comme la bonne personne, au bon moment.

RÉALISÉ PAR
FRÉDÉRIC MAGNAN

Déclinée en trois phases, P pour Pratique ou Plaisir, I pour Information, E pour Embauche, la démarche est initiée dès les années 60 aux États-Unis par John Crystal et Richard Bolles, deux « *career managers* ». Daniel Porot va l'importer en Europe en l'instituant en une véritable méthode. Si le « *Practice Field Survey* », « exercice d'enquête sur le terrain », gagne la

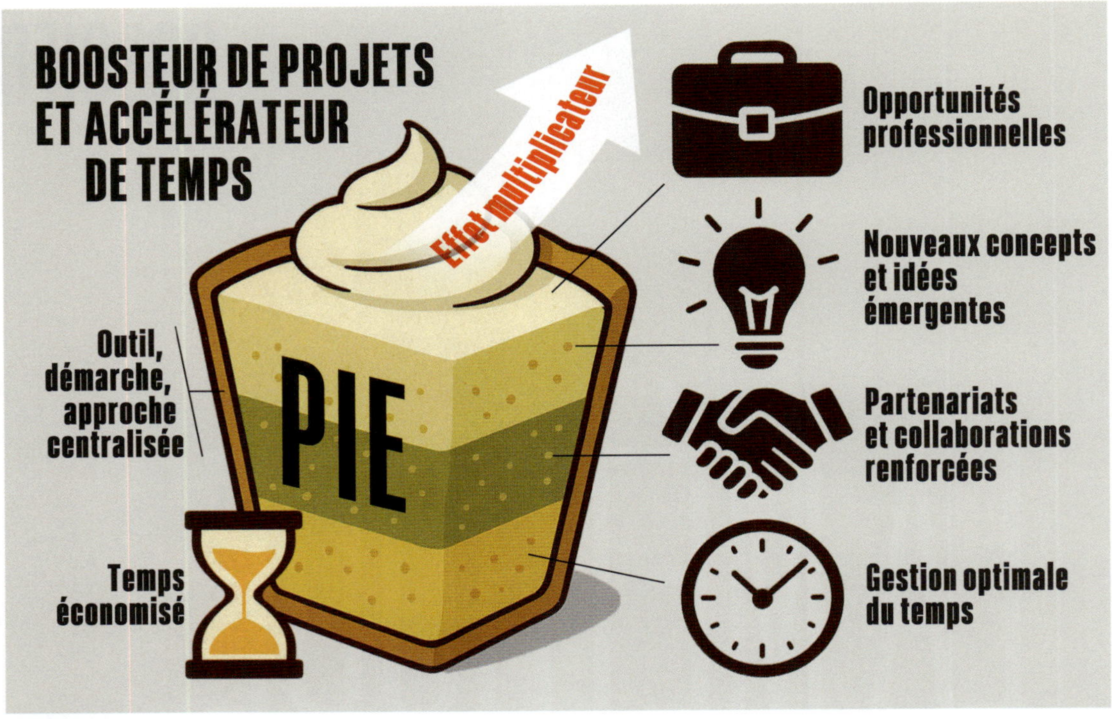

LE PROGRAMME PIE
Imaginée par Daniel Porot, cette méthode innovante et structurée propose un cheminement progressif dans la recherche d'emploi, adapté au rythme de chacun, dans une approche épanouissante.

notion de « plaisir » en traversant l'Atlantique, c'est bien, selon Mickaëlle Haution-Pra, facilitatrice et formatrice en insertion professionnelle, parce que *« quand on commence à rechercher des stages, quand on s'interroge sur son avenir professionnel, quel que soit l'âge, la notion de plaisir doit aider à identifier les métiers vers lesquels on peut se diriger : quels sont nos centres d'intérêt, quelles sont les tâches qu'on aime réaliser, où est notre "flow" ? »*.

Immédiatement la quête d'informations, au cœur de la méthode PIE, s'impose d'une part pour pouvoir déterminer dans quelle mesure tel métier ou secteur d'activité pourrait nous contenter, *« mais aussi parce que le plaisir viendra des connaissances que l'on va engranger, des rencontres et découvertes que l'on va faire dans un échange de pair-à-pair »*, souligne Mickaëlle Haution-Pra.

La PIE, après un premier temps de mise en condition avec l'aide d'un conseiller, réclame du demandeur d'emploi de décrocher son téléphone afin d'obtenir un rendez-vous avec la personne qui, dans l'entreprise, pourra le mieux exposer son activité, sa pratique. *« Il ne s'agit pas de se présenter en situation de "demandeur d'emploi"*, insiste Mickaëlle Haution-Pra, *mais de susciter l'intérêt en mettant en avant ses compétences déjà acquises, son savoir-faire et en précisant que l'on souhaite connaître ce métier dans le cadre d'une recherche de validation d'un projet professionnel, d'une réorientation ou d'une formation. »*

> « La PIE a un effet multiplicateur d'opportunités tout en permettant de gagner du temps. »
> ***Mickaëlle Haution-Pra facilitatrice et formatrice en insertion professionnelle.***

Après une première carrière dans la logistique, Hajer Taghouti, au détour de la quarantaine, a souhaité se réorienter dans le secteur social. *« Le fait de se présenter comme étant à la recherche d'informations aide à passer la barrière de l'accueil téléphonique et c'est de toute façon le but de l'appel*, note Hajer Taghouti. *Le plus souvent, j'ai obtenu des rendez-vous en face à face avec des managers ravis de pouvoir partager leur connaissance de leur métier. Durant ces entretiens, j'avais une écoute active, mettant en parallèle les savoir-faire nécessaires à l'activité que je découvrais avec les propres acquis de mon expérience »*, explique Hajer Taghouti aujourd'hui *job coach* en insertion professionnelle. Étape importante de l'entretien, la demande de contact auprès de son interlocuteur afin d'élargir son réseau et de rebondir sur d'autres rendez-vous en se recommandant du précédent : « *On rejoint ici la théorie des cercles,* explique Mickaëlle Haution-Pra, *on constate en effet que c'est au moment d'atteindre le quatrième cercle que l'on a des chances de déboucher sur un emploi.* » En définitive, ces échanges sur les compétences, l'entreprise et ses valeurs, le cursus des employés « *m'ont permis de me rendre visible sur le marché de l'emploi* », souligne Hajer Taghouti qui, après deux mois de recueil d'informations et de constitution d'un réseau, a obtenu quatre entretiens en vue d'une embauche.

© D.R.

DANIEL POROT

L'ART DE QUESTIONNER POUR RÉUSSIR SON EMBAUCHE

« Pie voleuse », « talent relatif » ou « triangle des Bermudes », Daniel Porot manie avec gourmandise le verbe et les images pour décrire la méthode de parcours à l'emploi qu'il a créée. Une démarche basée sur la rencontre, l'échange et le recueil d'informations.

Frédéric Magnan : *Comment est née la méthode PIE ?*
Daniel Porot : Il faut remonter loin en arrière, dans les années 60 aux États-Unis. Le précurseur se nomme John Crystal. Espion pendant la Seconde Guerre mondiale, il a en quelque sorte mis son expérience du renseignement au service de hauts fonctionnaires et de cadres en reconversion au détour des années 50-60. Son injonction lors de ses séminaires tenait en quelques phrases : « *Sortez, allez dans la rue, rencontrez des professionnels, qu'il soit épicier ou vendeur de chaussures, et demandez-leur en quoi consiste leur job, ce qu'ils aiment dans cette activité, et quelles sont les difficultés.* » Bref, il les a familiarisés avec l'art de poser des questions. Et là, on était déjà sur la phase P de la méthode PIE, la phase Pratique.

Autre point très important dans la démarche de John Crystal, c'est le fait que lorsqu'on est en quête d'informations, on ne cible pas un emploi en particulier, on

DEVENIR ACTEUR...

...DE SA RECHERCHE D'EMPLOI

© D.R.

Sabine Flériag et Cathy Coïc sont « Talents managers » au sein de Level Plus qui accompagne notamment les demandeurs d'emploi en phase de reconversion. Elles utilisent au quotidien la méthode PIE.

« ***Ce que la méthode PIE apporte,*** *avant tout, c'est une structure, un scénario que les candidats, on les appelle nos "Talents", vont s'approprier* », explique Sabine Flériag. Dans un premier temps, il s'agit de vaincre les « croyances limitantes » car certaines personnes ne vont pas se croire autorisées à se lancer dans la première phase qui consiste à décrocher son téléphone pour solliciter un rendez-vous avec un interlocuteur en entreprise. « *Cela passe par beaucoup de simulations pour mettre les personnes en confiance* », note Cathy Coïc. La prise de conscience de ses propres capacités permet aussi de mettre au point le « pitch » qui permettra d'éveiller l'intérêt de son interlocuteur. Une campagne de prise de rendez-vous permet aux Talents de s'enrichir de ces échanges à partir du moment où ils n'abordent pas la dimension du poste mais s'investissent comme des personnes désireuses d'obtenir des conseils et informations. « *Par la dynamique qu'elle met en place, la méthode PIE permet à chacun de devenir l'acteur de sa recherche d'emploi* », explique Sabine Flériag. Plus encore, « *la phase de prise d'informations va permettre aux Talents de façonner leur futur emploi à la mesure de leur expertise* », souligne Cathy Coïc. Souvent la personne va se trouver au bon moment, au bon endroit : « *Cette synchronicité, que nous constatons, est liée à la dynamique des entretiens qui placent l'individu dans une démarche proactive* », selon Sabine Flériag.

> « La plupart du temps, les personnes en poste en entreprise sont heureuses de partager leurs connaissances dans leur domaine d'activité et, à la fin de l'entretien, elles ouvrent volontiers leur carnet d'adresses ».
> **Sabine Flériag et Cathy Coïc**

PIONNIER
Expert en gestion de carrière en Europe, Daniel Porot est aujourd'hui une référence incontournable.
© D.R.

ne vise pas une embauche, mais on cherche à « valider un projet professionnel ». Il avait horreur des curriculum vitae que l'on sort au détour de la conversation. Il avait une image fantastique pour ça, il disait : « *Les espions ne portent pas d'arme.* » Lorsqu'on va à un rendez-vous pour découvrir un métier, on n'emporte pas son CV avec soi.

L'autre personnage important de cette histoire, c'est Richard Nelson Bolles. Membre de l'Église épiscopalienne, il a accompagné la reconversion de pasteurs qui quittaient leur fonction. Il s'est rapproché de John Crystal et s'est associé avec lui. Richard Bolles avait une plume extraordinaire. Il est l'auteur d'un best-seller mondial (1) devenu le guide pratique de référence en matière de stratégie de recherche d'emploi. J'ai connu Richard lors de l'un de ses séminaires et il m'a proposé de rejoindre son équipe. Ce que j'ai fait, mais je ne souhaitais pas vivre aux États-Unis. De retour en Europe, j'ai cherché à structurer la démarche initiée par Crystal et Bolles pour en faire une véritable « méthode ». Je l'ai concentrée autour de l'acronyme PIE : P pour Pratique, I pour Information et E pour Embauche. Or la pie c'est l'oiseau qui vole les objets clinquants, comme les clés. Et dans mes formations, je dis à mes auditeurs : « *Vous allez voler les informations comme la pie vole les clés.* »

F. M. : *Quels sont les autres points que vous avez développés à partir de la démarche de Crystal et Bolles ?*

D. P. : Un élément qui ne figurait nulle part jusque-là c'est le « talent relatif ». C'est quelque chose de très important. Dans la phase « d'information », on questionne des gens qui font le métier qu'on a envie de faire. L'objectif est de rencontrer celui qui pourrait être votre N+1, c'est auprès de lui que l'on doit se présenter comme étant en phase de « validation de projet professionnel ». En écoutant votre

(1) *De quelle couleur est votre parachute ?, (What color is your parachute ?)* de Richard N. Bolles, Les Éditions Reynald Goulet EDS (2014).

interlocuteur décrire les activités de l'entreprise et comment on y travaille, il se peut que vous repériez une ou deux lacunes, des choses qu'ils ne font pas et qu'ils pourraient faire. C'est à ce moment-là que vous mettez en avant votre « talent relatif » : ce que vous avez acquis comme savoir-faire dans votre précédent métier et qui n'est pas présent ou utilisé dans cette branche que vous visez. Face à votre interlocuteur, vous figurez alors comme une personne ressource et non comme un demandeur d'emploi. Dès lors vous allez vous rendre non pas supérieur aux autres, mais « non comparable ».

F. M. : *Qu'apporte l'introduction de l'IA dans le domaine de la recherche d'emploi ?*

D. P. : Elle est utilisée à la fois par les recruteurs, qui s'en servent pour « prédigérer » les candidatures, mais aussi par les candidats qui sollicitent ChatGPT, par exemple, pour rédiger leur lettre de motivation... Or la méthode PIE est avant tout un outil destiné à contourner le triangle des Bermudes des petites annonces. Les recrutements via les annonces ne représentent que 15 à 20 % des embauches, les recrutements par démarche spontanée en représentent 60 %, et aujourd'hui LinkedIn fournit le reste.

Donc on ne va pas utiliser l'IA pour rédiger une lettre de motivation qui sera « lue » par un autre robot à l'autre bout de la chaîne, mais on va l'utiliser pour poser les bonnes questions : par exemple, avant de se rendre à un rendez-vous, demander à l'IA quels sont les cinq problèmes les plus brûlants à court et moyen termes dans le secteur qui nous intéresse. Et lors de l'entretien, vous pourrez dire : « *Madame, ou Monsieur, j'ai repéré ces deux ou trois sujets qui me paraissent être des enjeux importants dans l'avenir.* » Moi-même je travaille actuellement avec mon équipe à développer une application pour aider à lancer les requêtes auprès d'un agent conversationnel.

F. M. : *Il n'en reste pas moins que la méthode PIE, basée sur l'échange en vis-à-vis pour obtenir ces fameuses informations, repose fondamentalement sur la relation humaine.*

D. P. : En effet, si l'on s'en tient à une approche purement mécanique, ou binaire, le tri des candidatures s'opère entre les « oui » et les « non ». Or, la méthode PIE, c'est la méthode de la goutte d'eau : une goutte d'eau qui descend le long d'une vitre ne suit jamais une ligne droite, elle cherche le chemin de moindre résistance. La personne qui souhaite se réorienter, c'est la même chose : dans votre tentative d'obtention d'un rendez-vous en entreprise, qui reste le point le plus délicat, vous devrez définir le tracé qui vous offrira le moins de résistance en trouvant les réponses à ces questions : Quel serait le bon interlocuteur ? Comment pourrais-je l'aborder ? Comment me présenter en effectuant le pas de côté qui mettra mon « talent relatif » en évidence ? Le tout pour permettre à la personnalité d'un individu de s'exprimer.

PARMI SES LIVRES NUMÉRIQUES...

- *101 questions pièges de l'entretien d'embauche... et les réponses pour décrocher le job.* *Porot et partenaire* (2017).
- *J'ai eu le poste !* *Porot et partenaire* (2018).
- *La PIE, une méthode nouvelle de recherche d'emploi* (2017).

LE SAVIEZ-VOUS ?

Paru en décembre 2017, le livre présente une approche innovante fondée sur la méthode PIE.

PIE

STRUCTURER SON ARGUMENTAIRE

1. La fondation du propos.
2. Ce qui donne de la saveur, l'exemple vivant.
3. Ce qui relie tout et donne sens à l'ensemble.

INTERVIEW

LE PODCAST DANS LA PEAU

MATTHIEU STEFANI

MULTI-ENTREPRENEUR, MATTHIEU STEFANI S'EST IMPOSÉ DANS L'UNIVERS DU PODCAST À TRAVERS DES INTERVIEWS FLEUVES AU TON LIBRE, OÙ LE TUTOIEMENT EST DE RIGUEUR, SANS MONTAGE. CHAQUE ANNÉE, CES ÉPISODES RASSEMBLENT PLUS D'UN MILLION D'AUDITEURS AUTOUR D'INVITÉS INSPIRANTS- ARTISTES, SPORTIFS OU POLITIQUES, MAIS AUSSI ET SURTOUT ENTREPRENEURS.

RÉALISÉE PAR
FRÉDÉRIC MAGNAN

GÉNÉRATION DO IT YOURSELF (GDIY) Lancé en 2017 par Matthieu Stefani, ce podcast est devenu une référence pour les passionnés d'entrepreneuriat et de parcours inspirants. © D.R.

Frédéric Magnan : *Quel parcours vous a mené à la création de votre podcast «Génération Do It Yourself»?*

Matthieu Stefani : J'ai toujours eu une passion pour l'entreprise et les médias. J'ai grandi à Cherbourg et je suis arrivé à Paris pour mes études. En école de commerce, j'ai suivi une spécialisation axée sur l'innovation, l'entrepreneuriat et la reprise d'entreprise. Début 2002, j'ai intégré l'équipe du quotidien gratuit *Métro*, fondé par un groupe de presse suédois. J'étais le seul Français au sein du bureau parisien. En deux mois, on a mis sur pied le journal publié à 500 000 exemplaires, une véritable start-up avant l'heure ! J'ai énormément appris, notamment comment concevoir dans l'urgence avec un concept fort. J'ai adoré cette dynamique et j'ai lancé ma première start-up, en 2005, dans l'univers des médias : Citizenside, une agence de presse participative qui prônait le journalisme citoyen. N'importe quelle personne, témoin d'un événement, pouvait envoyer sa photo ou sa vidéo à l'agence qui se chargeait de la revendre aux journaux en France, et dans le monde. L'Agence France-Presse entrera d'ailleurs au capital dès 2007. Sans être moi-même journaliste, j'ai toujours été proche des rédactions, comprenant la nécessité absolue de l'indépendance éditoriale, l'importance aussi de la vérification des sources et des informations.

F. M. : *Entrepreneuriat, média... la technologie digitale apparaît aussi à ce moment-là dans votre parcours.*

M. S. : Oui, je viens aussi du digital. En 2012-2013, je crée CosaVostra, une agence qui a accompagné la digitalisation de beaucoup de médias. On a construit le site de TF1, MyTF1, mais aussi celui de l'*Humanité*, des *Inrocks*... nos clients évoluent dans le monde du luxe, également. J'ai vendu cette agence l'année dernière.

F. M. : *Et vous vous êtes alors tourné vers le podcast.*

M. S. : J'ai lancé mon premier podcast «Génération Do It Yourself» au début de 2017, en parallèle de mon activité au sein de CosaVostra. À l'époque de la naissance de cette agence, j'écoutais énormément de podcasts américains. Ils me donnaient l'opportunité de brancher mon cerveau à celui de gens qui m'inspiraient : des artistes, des sportifs, des hommes poli-

« On ne souligne pas en France le génie créatif de l'entrepreneur, alors qu'il est célébré dans beaucoup de pays. C'est pourtant le tissu entrepreneurial qui va transformer une économie. »

[1] **Edgar Grospiron**, champion de ski acrobatique, plusieurs fois champion du monde, médaillé d'or aux Jeux olympiques d'hiver d'Albertville (1992). Il a été nommé président du Comité d'organisation des Jeux olympiques (COJOP) d'hiver dans les Alpes françaises, en 2030.

tiques, des entrepreneurs. Ce qui m'a frappé alors, c'est que ces émissions mettaient les entrepreneurs au même niveau que des sportifs, des artistes. Ce qui n'est pas du tout le cas en France. Chez nous, le génie créatif de l'entrepreneur est souvent ignoré, alors qu'il est célébré dans beaucoup de pays. C'est pourtant le tissu entrepreneurial qui va transformer une économie. Je trouvais bizarre que personne ne reprenne ce concept alors que la technologie le permettait. Mais je me disais que je n'étais pas du tout légitime pour me mettre en avant comme intervieweur ou journaliste. Et puis un jour, un accident de vélo m'a laissé inanimé au bord de la route. Est-ce dû à cette expérience de mort imminente ? Est-ce que j'ai post-rationnalisé l'événement ? Quoi qu'il en soit, je me suis dit *« la vie est trop courte, ce truc me brûle les doigts, j'y vais »*. J'achète alors pour environ 400 euros de matériel. Je pensais faire 10 épisodes pour commencer. Je me suis lancé en février et avant l'été, j'en avais enregistré 10. Deux ou trois ans plus tard, il en existait 100. Voilà comment je suis devenu complètement accro à ce média.

« Génération Do It Yourself, n'est pas liée à une génération, mais c'est un marqueur transgénérationnel au contraire qui rassemble beaucoup de gens. »

#401
EMMANUEL MACRON
Interview réalisée par Matthieu Stefani, et diffusée le lundi 24 juin 2024.

▶ Écouter

F. M. : *Comment expliquez-vous ce succès ?*

M. S. : Au départ, je n'avais pas conscience de tous les facteurs qui contribuaient à la réussite du projet. Il y a la diversité des invités qu'ils soient artistes, sportifs ou entrepreneurs auxquels je m'intéresse vraiment. Sans être dans la célébration, je suis dans un échange constructif avec ceux qui acceptent de venir dans nos studios. C'est particulièrement vrai pour les entrepreneurs que je mets au même niveau que tous mes autres invités. Pour ceux qui détestent l'entreprise, les patrons, les riches, ça ne change rien. En revanche, il n'y avait pas vraiment d'endroit où l'on pouvait écouter ces personnes, expliquer ce qu'elles avaient construit, et comment, afin de pouvoir s'en inspirer. Une des clés du succès de Génération Do It Yourself, je pense, c'est que je les écoute sans les juger. Je ne leur sers pas la soupe, pour autant. Je peux ne pas être d'accord avec eux. Conscient moi-même des réalités du monde de l'entreprise, je peux échanger avec mes invités de pair-à-pair, sans exclure les auditeurs, bien au contraire.

F. M. : *Mais c'est quoi la « Génération » Do It Yourself, au juste ?*

M. S. : L'idée du « do it yourself », c'est de se dire *« Ok, je peux le faire »*. Edgar Grospiron[1] est l'un de ceux que je trouve les plus inspirants lorsqu'il déclare dans l'épisode qui lui est consacré : *« On ne peut pas devenir champion olympique sans l'avoir décidé. Personne ne va le décider pour toi. Si tu ne l'as pas décidé, tu ne le deviendras jamais. En revanche, ce n'est pas parce que tu l'as décidé que tu vas le devenir, parce que beaucoup d'autres ont aussi cette ambition. »* Mais voilà, on ne peut pas devenir président de la République, ou maire ou même le meilleur pizzaïolo de sa rue sans l'avoir décidé. À un moment, il faut se dire *« je me lance, je le décide »*. Et donc c'est ça le « do it yourself » : « Faites-le ! » Enfin, Génération Do It Yourself, et cela peut paraître un contre-sens, n'est pas lié à une génération, mais c'est un marqueur transgénérationnel au contraire qui rassemble beaucoup de gens.

F. M. : *Que connaissez-vous de vos auditeurs ? Quel est leur profil ?*

M. S. : La tranche d'âge dominante est celle des 25-35 ans, mais en élargissant aux 20-45 ans, cela représente plus de 80 % de mes auditeurs. Parfois, ils sont très jeunes. Je m'en rends compte lorsque

je reçois des demandes de stage d'adolescents qui m'indiquent me suivre depuis trois ou quatre ans... Ce qui signifie qu'ils ont dû emmagasiner une quantité d'informations incroyables ! Génération Do It Yourself, c'est un état d'esprit, c'est une dynamique que l'on essaie de partager. Une dynamique portée à la fois par le désir de comprendre le monde qui nous entoure et l'envie de construire. Nos auditeurs sont comme ça aussi. Dans les études qu'on a menées, beaucoup sont entrepreneurs ou veulent le devenir. Un des mails qui m'a le plus touché l'année dernière provenait d'un maraîcher : il m'expliquait qu'il n'a jamais fait d'école de commerce, et a passé 20 % de son temps sur un tracteur... et depuis quatre ans qu'il écoute le podcast, il a créé quatre sociétés et recruté vingt personnes. Il a conclu en déclarant : « *C'est grâce à toi.* » Absolument pas, c'est lui qui a tout accompli. Moi, je suis juste un liant. Mais ça reste une grande fierté pour moi. Si je peux être une huile dans les rouages, j'ai rempli ma mission !

(2) **Inoxtag** : Youtubeur aux 20 millions de followers. Son film *Kaizen*, tiré de son ascension de l'Éverest, a enregistré plus de 30 millions de vues en une dizaine de jours à sa sortie en octobre 2024.

« Cette marque, Génération Do It Yourself, elle intègre bien toute ma démarche : c'est un peu difficile d'accès, mais finalement, une fois qu'on est rentré dedans, on y adhère. »

F. M. : *Parmi toutes vos émissions quelles sont les plus marquantes ? On pense à l'interview du président Macron, en juin 2024, bien sûr.*
M. S. : Évidemment, il y a des « coups » comme l'entretien de plus de deux heures que le président Emmanuel Macron m'a consacré l'année dernière, ou encore celui avec Inoxtag[2] réalisé l'an dernier également. Mais certains succès sont plus inattendus. Cette année, nous avons débuté une série « CAC 40 », dévolue à des dirigeants de grandes entreprises. C'est un pas de côté en quelque sorte, parce que les patrons de ces grands groupes ont facilement recours à la langue de bois : ils ont des éléments de langage, des actionnaires à ménager... Moi ça ne m'intéresse pas, ça m'agace même. Mais j'ai commencé avec Sébastien Bazin, le patron du groupe hôtelier Accor. Et cet épisode fait un carton, justement parce qu'il se livre, qu'il est direct, sans fioritures. Il m'explique son processus de décision. C'est super intéressant. J'ai accueilli aussi des femmes telles que Nina Métayer, jeune cheffe pâtissière, couronnée Meilleure Pâtissière du monde en 2024, au parcours assez singulier. Son histoire, sa recherche constante de l'excellence, passionne les auditeurs. Dans un genre très différent, j'ai reçu Nicolas Hennion, autour du développement personnel « radical ». Un épisode très « lunaire » qui a été énormément partagé.

(3) **CRM** : logiciel, ou ici plateforme facilitant la gestion de la relation client.

F. M. : *Quelle est la place des femmes parmi les invités du podcast ?*
M. S. : J'ai toujours veillé à intégrer des femmes dans mes équipes. Depuis que j'ai des producteurs, ça n'a été que des productrices. Malheureusement, les entrepreneuses, mais c'est la même chose pour les femmes politiques, sont moins nombreuses que les hommes. Mais surtout je remarque une tendance psychologique : un entrepreneur, homme, de 25 ans qui n'a rien fait encore, si je l'invite sur mon podcast, il va être ravi de venir fanfaronner. Alors qu'une femme de 45 ans qui a vendu deux entreprises à 2 milliards d'euros, elle, va douter de sa légitimité et ne va pas facilement accepter de venir s'exprimer.

F. M. : *Quel est le modèle économique de Génération Do It Yourself ?*
M. S. : Nous travaillons avec des sponsors. J'ai trois ou quatre sponsors principaux. Certains me suivent depuis des années, comme Qonto, une banque en ligne pour les entrepreneurs, le Club Med, et plus récemment Brevo, un petit CRM[3] français. En introduction de podcast, je vais expliquer ma relation avec le sponsor. C'est de la recommandation. Aux États-Unis, cela se pratique couramment, y compris par les journalistes, mais cela ne se fait pas ici. Tout simplement on vend l'écoute « au kilo » : 1000 écoutes pour 90 €. Et comme je fais à peu près 1 million d'écoutes par mois, cela donne à peu près 1 M€ de chiffre d'affaires par an. Avec La Martingale, un autre podcast que j'ai développé, on est aux alentours de 1,5 M€ de chiffre d'affaires par an. Et nous avons une vraie tendance à grossir.

F. M. : *À propos de La Martingale, qu'est-ce qui vous a conduit à concevoir ce podcast spécialisé sur la finance ?*
M. S. : C'est une démarche totalement différente de GDIY. Et ça montre la pluralité des contenus en ligne, je trouve. Je suis parti du présupposé suivant : « *Je suis*

▶ Écouter

#422
INÈS BENAZZOUZ
Inoxtag, le "MrBeast" de l'Hexagone, avec plus de 8 millions d'abonnés sur YouTube.
© D. R.

nul en finance, je n'y comprends rien, il y a trop de termes techniques. Donc je vais y aller en néophyte avec l'envie d'apprendre. » J'ai lancé La Martingale en 2019. Et j'ai découvert les univers de la finance, des cryptomonnaies, mais aussi des actions, des obligations, des indices boursiers, etc. De manière à la fois candide, mais aussi en recherche de transparence totale. Et les auditeurs sont au rendez-vous. La Martingale se révèle être un média hyper puissant. J'ai recruté un ancien rédacteur en chef de BFM Business, Amaury de Tonquédec, qui anime une nouvelle émission.

F. M. : *Au-delà de vos auditeurs, comment jugez-vous le rapport des Français à l'argent ?*

M. S. : On part de très loin, mais je dirais que cela s'améliore. Les médias en sont un peu responsables. Je ferais le parallèle avec le sport : on analyse le Championnat du monde de F1, la Ligue des champions, mais on ne parle pas de la pratique parce que ce n'est pas gratifiant. Je pense que c'était la même chose jusqu'à récemment pour la finance. Parler de sa propre petite finance à soi, c'était un peu mettre les mains dans le cambouis. Aujourd'hui sur Instagram, TikTok, les médias autour de la pratique de la finance enregistrent des audiences énormes. Il faut faire très attention, car il y a potentiellement beaucoup d'arnaques. Mais en l'occurrence, je trouve que cela va dans le bon sens parce que ça vulgarise le rapport à l'argent.

Vous pouvez vous abonner au podcast Génération Do It Yourself via Spotify ou Apple Podcast et suivre Matthieu Stefani sur Instagram.

REPORTAGE

PRENEZ LE MAQUIS CORSE !

CAP SUR LE SENTIER LITTORAL DU DÉSERT DES AGRIATES. UNE IMMERSION SENSORIELLE HORS DU COMMUN DANS UNE ZONE PRÉSERVÉE DE TOUTE URBANISATION.

TEXTE ET PHOTOS RÉALISÉS PAR **CATHERINE LEVESQUE-LECOINTRE**

« Je reconnaîtrais mon île les yeux fermés, rien qu'à l'odeur du maquis apportée par les flots... », disait Napoléon Bonaparte. « *Enfant, lorsque je naviguais sur les ponts avec mon père marin, le parfum du maquis parvenait à mes narines avant même l'arrivée au port*, se remémore Louis Azara, fondateur de Corsica Loisirs Aventure. *On ne sent pas l'odeur de la mer, car le maquis prend le dessus.* »

Et de pointer du doigt les pistachiers lentisques qui bordent l'entrée du sentier littoral que nous allons sillonner trois jours durant, depuis la plage de la Roya, à Saint-Florent. Nous quittons le port de plaisance adossé à l'ancienne citadelle génoise pour une immersion dans le maquis corse sans risquer de s'y perdre : protégé par le Conservatoire du littoral sur 37 kilomètres, ce linéaire borde le désert des Agriates, sous le cap Corse, de Saint-Florent à l'Ostriconi. Il n'a de désert que le nom puisqu'un maquis plus ou moins haut a recouvert cette ancienne zone de pacage exceptionnellement préservée de la pression immobilière. « Agriate » signifie d'ailleurs étymologiquement « terres cultivables ». Cette côte rocheuse est ponctuée de dunes et de plages de sable fin qui ne sont accessibles qu'en bateau ou à pied, hormis de rares pistes pour la plupart réservées aux 4 x 4.

VACHES ET POSIDONIES
Les vaches semi-sauvages font partie du paysage littoral des Agriates. En haut, un « pailler », refuge désormais dédié aux randonneurs.
© C. Levesque-Lecointre

L'immortelle, plante emblématique

Dès nos premiers pas, le parfum suave des cistes en fleurs envahit l'atmosphère. Les feuilles poisseuses de ces arbrisseaux émettent une gomme odorante utilisée en parfumerie. Des bourdons velus s'affairent dans cette profusion florale où se mêlent de hautes bruyères arborescentes et des romarins en fleur.

En cette belle matinée dominicale, de nombreux coureurs et promeneurs se croisent sur l'étroit sentier, bien balisé. Au fond du golfe se blottit le port de plaisance de Saint-Florent, surnommé le « petit Saint-Tropez corse ». Les premiers *Helichrysum*, la fameuse immortelle d'Italie, se dressent face à la mer au bout d'une heure de marche, au niveau du phare de Fornali. Lorsqu'on effleure leurs tiges argentées, leur forte odeur de curry persiste sur les doigts. Leurs capitules jaunes éclatent aux côtés des lavandes *stoechas*, dont les fleurs violettes évoquent des papillons.

Savez-vous que l'utilisation médicinale de la flore insulaire est une tradition ancestrale en Corse et que l'immortelle reste son emblème incontesté. Depuis les années soixante-dix, quelques professionnels structurés en syndicat de producteurs tirent parti de cette manne floristique en la transformant en huiles essentielles utilisées en aromathérapie, en pharmacie, en cosmétique, en parfumerie et en cuisine. Les baies de myrte, par exemple, sont macérées en une succulente liqueur et intégrées à des mélanges culinaires variés : thé, poivre, sel, herbes aromatiques, préparation pour cake, pain ou risotto...

Afin de pérenniser cette ressource menacée par les incendies répétés et la fermeture des milieux naturels, qui s'embroussaillent, la cueillette est réglementée pour 22 espèces répertoriées dans une charte.

Parmi elles, l'immortelle est celle qui se prête le mieux à la culture en plein champ. Soutien digestif, immunitaire, anti-inflammatoire et anti-hématomes puissant, soin anti-âge... ses bienfaits sont nombreux. La distillerie Mattei, célèbre pour son Cap Corse et reconnue Entreprise du patrimoine vivant (EPV), a même apporté dans l'un de ses gins une touche d'immortelle à l'arôme du genévrier.

BASTIA, VILLE D'ART ET D'HISTOIRE Les façades colorées de Bastia, capitale de la Corse génoise, vues depuis le jardin Romieu, entre la Citadelle et le Vieux-Port. © C. Levesque-Lecointre

Sur les banquettes de posidonies

C'est dans une minuscule crique que l'on ressent la première brise marine, face aux rochers de Sitiniu. Une douzaine de petits cours d'eau se fraient un chemin à travers l'Agriate et dessinent de surprenants deltas où les eaux brunes, freinées par les cordons sableux, se mêlent au camaïeu turquoise de la mer, comme c'est le cas à l'embouchure du Fiume Bughju. L'eau s'accumule en arrière et les derniers méandres baignent des marais plus ou moins saumâtres.

Un peu plus loin, le micro-estuaire de Fiume Santu est connecté à la mer de façon intermittente. Une zone humide bordée de tamaris est emprisonnée à l'arrière de la plage de sable blanc, qui attire oiseaux, insectes et amphibiens. En se déposant sur le rivage, les feuilles mortes des herbiers de posidonie s'accumulent sous forme de banquettes souples où nos pas s'enfoncent agréablement. Fragiles et menacées, ces prairies sous-marines endémiques à la Méditerranée limitent l'érosion et abritent une multitude d'organismes.

Ici, pas le choix, il faut passer à gué : les quelques randonneurs relèvent leur pantalon, chaussures à la main. Nous les imitons, perplexes quant au niveau de l'eau. Un rafraîchissement bienvenu à mi-cuisse ! Puis nous nous hissons de nouveau sur le sentier rocheux, la tour de la Mortella en ligne de mire. Le regard s'attarde sur les crêtes des montagnes, en arrière-plan. L'envie est grande de s'arrêter à chaque virage tant le panorama est grandiose sur le golfe de Saint-Florent... et la montée plus rude dans cette zone escarpée !

Saleccia, plage du tournage du *Jour le plus long*

L'arrivée à proximité de l'imposante tour de la Mortella appelle une pause un peu plus longue. Achevé en 1564, ce vestige témoigne, comme tant d'autres en Corse, de la période génoise. Elle assurait la défense du golfe mais fut ruinée par les coups de canons anglais en 1794. Elle appartient désormais au Conservatoire du littoral, qui l'a consolidée. Quant au sémaphore, construit en 1862, il est l'un

TAPIS ROUGES
Les petites feuilles rouges de l'orpin à fleurs bleues, une petite plante grasse, rendent les dalles rocheuses très visibles dans le paysage.
© C. Levesque-Lecointre

ORPIN À FLEURS BLEUES
Il est de tradition en Corse de suspendre au-dessus de sa porte, un bouquet de cette fleur, surnommée aussi « fleur de l'Ascension », en guise de porte-bonheur.
© C. Levesque-Lecointre

MAQUIS FLEURI
Le sentier littoral de l'Agriate est le plus long de Corse. Au printemps, cistes, orchidées et lavandes en fleurs abondent.
© C. Levesque-Lecointre

des rares en France à avoir conservé son mécanisme « Dupillon » d'origine, muni de bras articulés.

Anses paradisiaques

À cette saison, de magnifiques orchidées sauvages aux fleurs sophistiquées s'épanouissent le long du sentier. Il nous faut dépasser un nouveau cap rocheux avant d'accéder à la très attendue plage du Lotu, considérée comme l'une des plus belles de l'île. Baignée d'eaux cristallines, cette lagune est très prisée des touristes l'été. Outre une piste, on peut y accéder d'avril à septembre par des navettes maritimes depuis Saint-Florent, en témoigne la présence d'un long ponton d'accostage et d'une paillote encore en sommeil.

Pour l'heure, nul baigneur sur l'étendue de sable blanc, mais… des vaches ! Louis Azara nous a mis en garde : « *Il n'est pas rare d'en croiser sur le sentier et il convient de garder ses distances… Ces troupeaux semi-sauvages, certes pittoresques, défraient régulièrement la chronique en encornant des promeneurs imprudents.* »

Aux senteurs du maquis succède ici et là l'odeur des bouses qui font le bonheur des bien nommés « bousiers ». Il suffit de suivre les traces singulières qui sillonnent le sable pour tomber sur un couple de scarabées en train de rouler sa fameuse « pilule » d'excréments. Objectif de cet exercice digne de Sisyphe : entraîner la boule nourricière vers un terrier où la femelle pondra. Ce qui pour un humain reviendrait à pousser six bus à impériale remplis de passagers !

À la Punta di Curza, nous faisons face au cap Corse : à flanc de colline, l'ancienne carrière d'amiante de Canari a laissé de larges balafres grises bien visibles à l'œil nu. Cette mine alimenta la plus importante usine d'extraction d'amiante d'Europe de 1948 à 1965, faisant de cette industrie délétère l'activité la plus florissante de l'île à l'époque.

À nos pieds, la côte déchiquetée se découpe dans un maquis bas, couché par le vent. À ne pas confondre avec le fenouil, la férule dresse ses grandes ombelles jaunes sur l'horizon bleu. « *La tige séchée de cette plante toxique servait à fabriquer de nombreux objets,* nous explique Louis, *notamment des bâtons dissuasifs à l'origine de l'expression "être sous la férule de quelqu'un".* »

Concilier les différents usages

L'arrivée sur la plage de Saleccia est à couper le souffle. Sur plus d'un kilomètre, son sable blanc bordé de pins d'Alep servit de décor au film *Le Jour le plus long*, tourné en 1961, qui reconstitue le débarquement allié du 6 juin 1944 sur les plages… normandes.

Le long du marais de Padulella, un chemin mène à l'unique camping accessible avant celui de l'Ostriconi, qui marque la fin du sentier littoral. L'isolement est total et le chant des chardonnerets omniprésent dans cet environnement plus montagnard, même si le point culminant n'excède pas 500 m d'altitude. « *Le Conservatoire du littoral a instauré l'été une écoredevance de stationnement, perçue à l'entrée de la piste qui mène à Saleccia, mais depuis qu'elle a été refaite, celle-ci est accessible à tous les véhicules* », constate Johann Claude, responsable logistique chez Rando 4 x 4 Corse, chargé d'acheminer nos bagages et notre eau. *De Saint-Florent, il faut compter une petite heure pour gagner Saleccia par la piste,* estime le prestataire, *mais entre Saleccia et Ghignu, l'étape suivante, c'est deux heures et demie !* »

L'hébergement de Ghignu s'avère plus spartiate, puisqu'il s'agit d'une dizaine d'anciens « paillers », vestiges de l'activité agricole abandonnée dans les années 1950. Il faut donc être équipé, comme nous, de matelas, de sacs de couchage, d'eau potable et de vivres pour y passer la nuit. Johann Claude est parfois

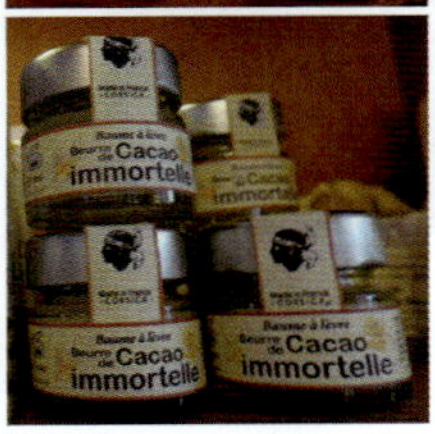

sollicité pour gérer la logistique d'accueil de groupes sur ce site enchanteur, qu'ils rejoignent en 4 x 4 et quittent le lendemain… par la mer.

Arrivé de bon matin en bateau avec ses collègues pour une réunion de chantier, Paul-Vincent Ferrandi, chef de service des espaces littoraux et terrestres à la collectivité de Corse, nous résume les étapes franchies depuis la large concertation locale qui a débouché en 2008 sur un projet de territoire. Labellisée par la Fondation de France, celle-ci s'est concrétisée par de nombreux aménagements pour gérer la desserte maritime, canaliser la circulation des véhicules, étendre le réseau de sentiers et mettre en valeur le petit patrimoine bâti comme c'est le cas à Ghignu. *« Nous sommes en train de repenser les lieux pour qu'ils retrouvent leur philosophie d'origine,* confie le gestionnaire en tenue grise. *Le projet de territoire vise en effet à privilégier l'accès à l'Agriate par la randonnée. Certaines pistes sauvages ouvertes dans le maquis ont été « cicatrisées », des aires de stationnement réaménagées et le bloc sanitaire de Ghignu ont été remis en état pour accueillir les marcheurs de passage tout en préservant le caractère sauvage du site. »*

La création du Parc naturel marin du cap Corse et de l'Agriate, qui fête ses 10 ans l'an prochain, constitue un garde-fou supplémentaire à la gestion de cet espace littoral exceptionnel, très prisé des locaux bien que difficile d'accès.

Les plus hautes dunes de Corse

Anse double de Malfalcu, criques aux eaux translucides, roches empourprées par les orpins, falaises sableuses de Punta di Corbu… les 17 kilomètres de rivage insulaire, parfois raide, qui mènent aux portes de la Balagne se révèlent tout aussi enchanteurs le long d'une mer azur où nous ne croisons que deux baigneurs « descendus de la montagne par une piste ». Au détour du chemin, un taureau peu amène nous oblige à dévaler la pente pour l'éviter. Passée la magnifique baie d'Acciolu, le sentier s'orne de figuiers de Barbarie, grandes raquettes épineuses qui tranchent dans la végétation dense. Considéré comme une espèce envahissante, ce cactus est cultivé depuis 2019 par une pionnière, Anna-Livia Fanucchi. Avec les graines des figues, elle obtient une huile végétale très rare qui prévient le vieillissement cellulaire, et a créé sa propre marque pour valoriser la plante dans son entièreté.

Une fauvette sarde, dont le babil grinçant réveille régulièrement le maquis, daigne enfin montrer son plumage charbonneux et son œil rouge au sommet

POINTE DE LA MORTELLA
La tour génoise de la Mortella se dresse non loin du sémaphore, patrimoine unique de la signalisation maritime en Méditerranée..
© C. Levesque-Lecointre

PORTE MARITIME
Entre la Citadelle et la place du Marché, le vieux port de Bastia est bordé d'immeubles anciens de style toscan et dominé par l'église Saint-Jean-Baptiste..
© C. Levesque-Lecointre

d'un oléastre, l'olivier sauvage. Cette espèce endémique ne se reproduit que sur quelques îles de Méditerranée occidentale... Le long de la plage de l'Ostriconi, les plus hautes dunes de Corse annoncent la fin du sentier littoral.

Escale gourmande à Bastia

L'appétit aiguisé par trois jours de marche et de senteurs, il nous tarde de goûter les saveurs insulaires dans la capitale de Haute-Corse, Bastia. Sur les conseils de Louis, nous avisons une table en terrasse chez *Huguette*, sur le Vieux-Port, et jetons notre dévolu sur des spaghettis à la langouste du cap Corse, arrosés d'un Columbu blanc à la fraîcheur impeccable. Pour le dessert, direction *Raugi*, le glacier historique de Bastia, qui sublime avec brio quelques produits locaux : citron, pomelo, clémentine corse bio ou canistrelli de Zilia.

Les épiceries de la ville regorgent de spécialités qui font la part belle à la prodigalité du maquis : baies de myrte déclinées en assaisonnement, en thé, en liqueur ou en eau-de-vie, miel des Agriates, thé à l'immortelle... En huile, en baume ou en savon, celle-ci a aussi sa place dans les rayons des pharmacies. Bien loin de l'épaisseur du maquis, le jardin Romieu offre une alternative citadine à la beauté farouche de l'Agriate. Posé sur la mer Tyrrhénienne, le regard est happé par les îles de l'archipel toscan : îles d'Elbe, de Monte-Cristo. À ces noms évocateurs, c'est un nouveau voyage qui commence.

EN PRATIQUE

D'avril à octobre, il est possible de se rendre sur les plages du Loto et de Saleccia en bateau-taxi depuis Saint-Florent, en quinze à vingt minutes (à partir de 20 €).

À CHAQUE NOUVEAU NUMÉRO, *ECO KEYS* PARTAGE AVEC VOUS, UNE EXPOSITION QUI A RETENU TOUTE SON ATTENTION

L'EXPO

PAR CAROLE RAMPAL

Le Bassin des Lumières propose un véritable voyage sensoriel sur les traces des premières grandes civilisations. Sous le sablier du désert, le visiteur traverse l'Égypte des pharaons : il assiste à la naissance du monde selon les dieux, découvre la vie au bord du Nil, voit s'élever les pyramides de Gizeh et le Sphinx, franchit les portes des temples de Louxor, d'Abou Simbel, la Vallée des Rois... Rien n'a été laissé au hasard. Peintures (David Roberts...), bas-reliefs, sculptures, et bijoux ont été soigneusement sélectionnés par la directrice artistique, Virginie Martin, sous le regard scientifique du Dr Olette-Pelletier, égyptologue. Les œuvres issues de musées comme Le Louvre, le Metropolitan Museum, ont été digitalisées. Leur projection à 360° prend une dimension magistrale dans une ambiance sonore mêlant bruitages (vent, sable...) et musiques (Verdi, Maurice Jarre, Hans Zimmer, Massive Attack, Led Zeppelin...). Une exposition haute en couleur qui invite à remonter le temps... et le Nil.

Exposition *L'Égypte des Pharaons : de Khéops à Ramsès II*, du 21 février 2025 au 4 janvier 2026, Le Bassin des Lumières à Bordeaux.

PYRAMIDES DE GIZEH – La construction des pyramides s'anime devant les visiteurs. © Culturespaces / Vincent Pinson

D'IMMENSES BLOCS DE PIERRE recouvrent murs et sols, évoquant les stèles, les bas-reliefs et les parois des temples antiques. © Culturespaces / Vincent Pinson

DES SCÈNES DE LA VIE QUOTIDIENNE ET MYTHOLOGIQUES prennent vie à travers les images, les sons et les jeux de lumière. © **Culturespaces / Vincent Pinson**

DAVID ROBERTS, « LE SIMOUN DANS LE DÉSERT », tableau peint pendant son séjour en Égypte en 1838-1839. © Culturespaces / Vincent Pinson

SPÉCIAL BD

EN LIBRAIRIE

CARBONE ET SILICIUM

SCÉNARIO, DESSIN ET COULEURS : MATHIEU BABLET

En 2046, face au déclin démographique, la Tomorrow Foundation crée deux androïdes, conçus pour accompagner les humains et explorer le monde : Carbone et Silicium. Au fil de leurs parcours, de leurs péripéties, et des siècles, chacun emprunte une trajectoire propre, et, porté par une sensibilité singulière, s'inscrit dans une vision opposée de l'humanité et de son avenir.
Distingué pour sa force graphique et la profondeur philosophique du récit, l'album a reçu le Prix BD Fnac / France Inter 2021.

Éditions Ankama Label 619 – 272 pages – 23,90 €

© D.R.

LES GORILLES DU GÉNÉRAL

SCÉNARIO : XAVIER DORISON
DESSIN : JUILIEN TELO

1959. Charles De Gaulle revient au pouvoir dans un contexte politique explosif (attentats, guerre d'Algérie...). Quatre hommes, entièrement dévolus à lui, assurent sa sécurité. Quatre « gorilles » avec lesquels il tissera une relation étroite et à qui il se confiera. Cette fiction politique, très documentée, parfois un peu écartée de faits réels, mêle récits intimes et grande Histoire. Les illustrations, riches en détails, qui s'appuient sur des photos et des films de l'époque, restituent avec force l'atmosphère de cette période charnière.

Éditions Casterman – 96 pages – 21,95 €

© D.R.

LA TERRE VERTE

SCÉNARIO : ALAIN AYROLS , DESSIN : HERVÉ TANQUERELLE, COULEURS : ISABELLE MERLET

Une bd construite en cinq actes au ton shakespearien qui reprend les codes du théâtre du dramaturge anglais et redonne vie à un Richard III. Échappé à la mort, il atteint les terres glacées du Groenland, habitées par les derniers colons vikings. Richard III voit dans cet exil l'occasion de renouer avec le pouvoir.
Le récit rythmé et haletant offre place également à la majesté des paysages arctiques, froids et inhospitaliers, dessinés par H. Tanquerelle, qui les connaît bien pour s'être déjà rendu au Royaume des Neiges.

Éditions Delcourt – 256 pages – 34,95 €

© D.R.

ASTÉRIX EN LUSITANIE

SCÉNARIO : FABCARO
DESSIN : DIDIER CONRAD

Une bande dessinée inédite (parution en octobre 2025) ! Direction sud-ouest de l'Empire romain, en Lusitanie – aujourd'hui le Portugal –, où Astérix et Obélix attendent les lecteurs pour une nouvelle aventure. L'intrigue ? Un ancien esclave lusitanien, aperçu brièvement dans *Le Domaine des dieux* (1971), revient pour solliciter l'aide de nos deux irréductibles Gaulois...
Pour rester fidèle à l'esprit des albums originaux de Goscinny et Uderzo, l'album a été confié à Fabcaro pour le scénario et Didier Conrad pour les dessins.

Éditions Albert René – 48 pages –10,90 €